上海女人

马尚龙 著

文汇出版社

《上海女人》16 岁
——2023 年新版自序

《上海女人》第一版出版,是 2007 年。

我估摸到会有读者喜欢的,但是完全没有预料到热销的程度。出版时正值上海书展,《上海女人》还在印刷厂装订,只有百来本应景。签名售书手还没有活动开,书已经没有了。之后一直好销,还上过畅销书榜单,而后又成了长销书。经历过初版和再版,数度脱销,八次印刷。

2023 年春节过后,有读者去图书网站搜《上海女人》,下单失败,去出版社买,空手而归,最后托朋友请求我个人援助。我也只剩下十几本了,很舍不得送出去,送一本,就少一本。

幸好,《上海女人》将再次开印。距首次出版,16 年了。

一个女人,16 岁是花季;一本书,16 年后,是很老旧的书。《上海女人》16 年后,再添新版本和新封面,可谓"老树(书)新枝",我自然窃喜。《上海女人》沾了上海女人的灵气,16 岁了,尚有几分动容。

写上海女人的书不少,作者基本是女性,不过"马语版"的《上海女人》,似乎不输给女作家。于是常有人问我怎么会写出上海女人来的。

  我自嘲式地解释，中国有句老话，当局者迷，旁观者清，能够最贴切写出上海女人的，不是上海女人，应是上海男人。

  回想起来，我曾经为是否写《上海女人》长考了半个月，才接受了出版社的邀约。我翻了不少写上海女人的书，像是写得差不多了。我要去寻找新意，寻找足以落笔的空间。当然，找到了。专属于上海女人的优美，和上海女人自我得意的优美，我有我的理解。我有写作冲动了。

  接受了稿约，我用三个月酝酿搜集资料，而后是满负荷三个月写书。15万字的书，分配到每个月，是5万字，每个星期1.25万字。彼时我还要上班，不可能天天写。我对自己下了军令状，一坐下去至少3000字……那么多年过去，分明还记得当时的苦，却是再也吃不了二遍苦了。

  总算是有不错的结果。

  16年来，很多次有女性读者和我交流，在《上海女人》中，看到了自己的影子，或者说，看到了她母亲的影子。

  影子是什么？在哪里？

  还是在《上海女人》出版后不久，在一次文化界茶话会上，会议主席朱烁渊一番盛情，要我谈谈"上海女人"。那天有众多文化界大家在场，我不敢放肆，也无法推却美意。恰好曹雷坐在一侧，倏忽间我有了意外的谈资：如果要赞美一下曹雷老师，什么词汇最合适？肯定不仅是美丽漂亮，更不是嗲作之类，而是有更高境界的赞美。我要用我在《上海女人》中提炼的一个词来赞美曹雷:"适宜"——曹雷老适宜额。

"适宜"是上海女人的专属之优美,是上海女人自我得意之优美。山东人可以爽,四川人可以辣,上海女性以适宜为尊。我对曹雷的这番赞美,获得了满座掌声,是认同我对"适宜"的发现和提炼,更是对曹雷适宜的喝彩。曹雷也欣然接受。不过她和我讨论,到底是"适宜"还是"适意"?我也曾在"适宜"和"适意"间选择,都有道理。最终,我是在"欲把西湖比西子,淡妆浓抹总相宜"中,找到了视角的依据。适宜是主体的散发,适意是客体的感受,苏东坡写的是西湖主体的适宜。

很多朋友和读者对我在书中提炼的适宜,很是赞赏,却也是问我,你是怎么提炼出来的?很多人分析,因为是生在淮海路住在淮海路,我才把上海女人写得这么贴合。我未否认,当然有些许因果关系的。后来某次聚会,有朋友再次强化我与淮海路的情结。朋友是真意,我却不领情了。喝了酒,口气也大了。我说,淮海路确实很重要,但是住在淮海路的人多了,文章写得好的人多了,为什么别人就没有写出《上海女人》呢?

还有什么更重要的原因?也因为是喝了酒,我才会敞开内心地回答,和我母亲有关。很多女性读者在《上海女人》中看到了自己的影子,其实,我看到的第一个影子,是我母亲。书中写到在淮海路大方布店母亲和营业员切磋零头布大小,是我儿时亲眼所见,母亲夏夜在晒台上听评弹,也在我视线和听觉之内。母亲的生活态度和待人接物,是我写"上海女人"的底本元素。

书出版后,我送给母亲一本,没有说母亲之于我这本书的重要，说不出口的。母亲自然开心，也没有过多的话语。我没期待母亲读我的书的。八十多岁了，看报纸都吃力，要把十几万字的书看一遍，为难母亲了。

或许，毕竟是儿子的书，还反响不错，母亲开始看了。老花眼镜已是不济，还要加持放大镜。有时候我下午回家早，天未暗，母亲坐在沙发上，弓了背，凑在茶几前，手持放大镜，一行一行地"扫读"。

终于把书看完的那天晚上，吃饭时，母亲轻松地叹了口气：总算看好了，交关吃力，眼睛吃力，手吃力，背也吃力。母亲没有夸奖我写得好，只是说了句，嘎（这么）厚一本书，全是开夜车开出来的，不要太吃力了。好像就是一件很小的事情，就这么过去了。我承袭了母亲的性格，不擅长很外在地表达好感，心里却是明白的。

后来，我是听我表姐说到了母亲对这本书的喜欢。表姐她们十来个人来看望母亲，母亲指着客厅书柜上一排《上海女人》说，这本书我可以做主的，你们喜欢，每人拿一本去好了。表姐告诉我，母亲说这话的时候，神情很是自在。

我写的母亲和母子关系，是很普通、很市井的上海人俗常日子，书中的影子，叠合了许许多多上海女人的影子。

我没有想到过《上海女人》会很热销，就像我也没有想到它会成为我写作的一个风向标。在《上海女人》之后，"上海"两字成了我的主要标签，"上海三部曲"之《上海制造》《为什么是上海》《上海分寸》，还有《上海路数》，还有2023年的新书《上海欢言》，都是由"上海"冠名；这些年我或者参与或者策划的社会文化活动，大多也是由"上海"辐射开去的。不经意间，《上海女人》铺设了我这 16 年写作和社会文化活动的线路。

重读 16 年前自己写的书，有些章节和内容，至今感叹，也有些许彼时的情节，和当下的生活不再相合。我完全保留而不做改动。因为这是上海的"痕迹"。

我曾经犹豫是否应该"离开"上海，更有师长和朋友期待我把这么多的上海元素写成长篇小说。我动心过，但是长篇小说是一个多维空间，我眼高手低，终不敢落笔。况且上海既是我最熟悉的，也是最值得写的，是我轻舟漫步的闲适，还没有从上海兜出来。

写这篇序言时，收到了上海大学出版社寄来的英语版《上海女人》，英语书名直截了当：SHANGHAI WOMEN。我根本不会去想这本书会有多大的文化传播能力，宏伟的大事轮不到我去做的。我只是将此看做一只很小很小的风筝，飘着，风筝的名字叫做"上海女人"。

英语版《上海女人》谋划翻译多时，终于出版，和新版《上海女人》并无时间上的约定，却是无意中形成中英文的二重唱。

2023 年 3 月 22 日

我写《上海女人》
——2007年初版自序

写《上海女人》？有五六位作家朋友一致推荐，非马尚龙莫属。在文新大楼43层的顶层咖啡座，我听到了这个令我稍感意外的传言。老朋友朱耀华嘿嘿笑着，他后来是《上海女人》的责任编辑。

那是2006年11月底的时候。从43层看地面的路人，男女莫辨，但是上海女人在我的心里，是一个很清晰的形象。这些年陆陆续续写过一些有关上海男人和上海女人的文章，对上海女人的观察和判断，是有些心得的。

任何有人的地方都会有女人。上海女人在女人的意义上，在脸型、肢体的特征上，本没有分外妖娆，但是上海女人，很容易被当作谈资，没有一个地方的女人，会像上海女人一样具有长久的可谈性。这一份待遇，几乎就是殊荣了。那是因为，"上海女人"是上海的女人的缘故。随着上海这座城市越来越具有品牌意义，"上海女人"也具有了符号的意义，这四个字会传递出约定俗成的联想，会勾勒出社会认同的画像；一些特有的词汇、神情和物质，会很自然地包含在联想和画像中。"上海女人"文化上的符号意义，使多少部小说、电影、电视剧，都以上海女人作为主角，关于上海女人的社会学讨论会也常有听闻。

也正是上海女人的符号意义，激发了我写《上海女人》的冲动。关于上海女人的联想似乎已经很完整了，上海女人的画像似乎也已经很清晰了，对"上海女人"似乎有了教科书一般的定义，尤其是在一些时尚式的怀旧中，上海女人成为一种模式被固定下来：旗袍，嗲，作，咖啡，搓麻将，跳舞……好像上海女人就必须是这样。曾经有一位不谙上海生活的外地朋友，接受了模式化的信息传递，下结论说，上海人这一百年里都是穿羊毛衫的，因为上海女人是不会结绒线的，结绒线的都是乡下女人。

有许多关于上海女人的联想和画像，是不很准确不很正确的，甚至就是很不准确很不正确的；上海女人在被误读，上海女人和上海的女人，应该是同一个概念，但事实上经常不是。最主要的，大约就是上海女人的优雅和闲适，被失当地放大，以至真正属于上海女人的特质，常常被忽略不计。

当然也会有反向的联想和画像。如果说旗袍是上海女人优雅的象征，那么穿了睡衣满街跑恰是上海女人庸俗的写真。很少有人去推理旗袍和睡衣之间的生活逻辑关系，梳理睡衣和弄堂之间的生存因果关系。

我写《上海女人》的冲动，是来自对"上海女人"的辨析和还原。我想要还原的，是上海一百多年历史对上海女人的外动力，是上海女人自身的内动力，是上海女人与上海男人之间的互动力。这既是抽象的背景，也是具象的生活空间。比如，所有的地域都会有贫富的差别，唯独上海会以上只角下只角来界定，上海女人的命就在上只角和下只角之间徘徊，上海女人的运就在黄浦江苏州河中流淌，上海女人的生态、心态、姿态、形态，就在每一个十字路口发育。

　　身为上海的男人，我是上海女人最近距离的观察者。我把《上海女人》一些章节发在了自己的博客上，许多认识和不认识的朋友惊讶于我的观察、我的记忆，惊讶于我对上下几十年上海的融会贯通。书稿完成后，甚至我都惊讶于自己，在几个月内怎么就汇聚起这么多的上海女人点点滴滴的细节。唯一的解释，因为有上海女人，才会有这么浩瀚的点点滴滴，才会让我为之怦然心动。

　　有人据此说我是老克勒，我当然不是。无论是老克勒所需要的年纪，还是老克勒所需要的殷实家境，我都远远不配，也没有想要般配过。只是在淮海路居住了几十年，略有所见所闻所想罢了。淮海路以前是有些许老克勒的，那只是很少的一些人，更多的人是最寻常的男人与女人。至于我，在看得到老克勒的时候，仅仅是小赤佬而已，在淮海路背了书包奔来奔去，头上像蒸笼一样在冒汗，一不小心倒是撞在了某个老克勒身上，被人家骂了一句小赤佬。这一点不是自谦倒是得意，因为老克勒看到的，是老克勒自己，小赤佬看到的，是所有的人。

2007 年 6 月 10 日
2023 年 3 月 23 日稍作文字修改

/ 目录

第一章　女人情：做女人难，做上海女人更难

在三只角之间徘徊　　/3

伊一点也不像上海女人　　/10

"派头"两个字，女人一辈子　　/20

第二章　女人花：适宜比啥更重要

看上去老适宜的　　/33

软实力　　/41

家庭妇女　　/51

第三章　女人家：石库门盛开栀子花

近邻结婚，这就是命　　/61

小白脸是上海女人的软肋　　/70

化妆吃饭做爱一样都不少　　/78

第四章　女人心：所谓伊人，在水一方

东京的月亮　　/91

上海女人更容易出轨？　　/100

离婚不需要找理由　　/110

第五章　女人味：女为悦己者勤

巩俐没空买衣裳　　/121

女人味道的配方　　/130

规规矩矩做人　　/137

第六章　女人气：不怕多情，就怕失情

失情的女人　　/149

闷骚在家里　　/158

亭子间老姑娘　　/167

第七章　女人经：小弄堂女人豁得出

这个女人真厉害　　/177

草窝里的凤凰　　/188

睡衣不是困衣　　/197

第八章　女人妖：做就做，爱做的事

亚热情淑女　　/205

是嗲还是发嗲　　/213

最后一夜　　/221

第九章　女人妆：一生就为这一天

淮海路爱思公寓的阳台　　/233

半地下的时尚年代 /241

时尚大姐大 /249

第十章 女人乖：只是一个后天美女

后天美女 /261

四大花旦 /269

小气大奢华 /278

/ 第一章

女人情：做女人难，做上海女人更难

/ 风情发生地
上中下三只角，河浜，弄堂，海滨浴场
/ 人影
王琦瑶，时髦外婆，洋学生，"美丽"牌美女，裘丽琳
/ 语录
漂白粉，生活腐化，私奔，阿基米德，派头
/ 课题
为什么伊不像上海女人？

在三只角之间徘徊

老板要问出处，女人要问住处。"啊呀，王太太，侬蹬了啥地方啊（你住在什么地方）？"两个女人第一次见面，半是寒暄，半是探底；发问者一定是蹬了不错的地方，才会这般地问；"啊呀，我就蹬了霞飞路爱思公寓呀（淮海路的瑞金大楼），闹猛是闹猛得唻，困告（睡觉）也困不着。"要是王太太有些许支吾，那么她一定是住在不闹猛的地方讲不出口，一定是她的先生发财发得不好。住处对于一个女人来说，出嫁前，是父亲和祖上的荣耀证书，出嫁后，是所嫁的男人的财力证书。一个上海女人的住处，是这一个上海女人的命，也是这一个上海女人的运。

上海女人的命和运，就在上海的马路上穿行，就在上海的河浜里流淌。

上海是一方水土，上海又岂止是一方水土？上海是一个超级大城市，出租车从浦东机场开到虹桥机场，或者从嘉定F1赛场开到东海大桥桥脚下的南汇芦潮港，车费就要二三百元，在外地至少已经横跨两个城市，口音都会相差很多，全国就没有一个城市会像上海那样，在同一个城市之内口音变化这般大，这是上海的一方水土。但是真正构成上海人文结构此起彼伏、千姿万态的，是上海的水。上海原先河浜很多，是一个多内河的城市，以桥命名的地方和以浜命名的地方至今还在，比如淮海路的八仙桥，虹口的提篮桥，肇嘉浜路打浦桥，西郊的虹桥，甚至就在如今的市中心还有以港命名的地方：日晖港。有桥有港必有河，如今大多数的河被填没了，解放初期肇嘉浜被填没算是一项伟大利民工程，但是桥和港的命名依旧证明了河曾经的存在。不同的内河地区居住了不同文化层次的人和不同经济的人，而黄浦江的东和西，苏州河的南与北，那就是上海地域文化的分割水线。为什么以前上海人都会认同"宁要浦西一张床，不要浦东一间房"？都会将莘庄、嘉定和浦东当作是"新加坡"来揶揄（"浦"和"坡"在上海话中同音）？那就是上海人与乡下人的区别；为什么以前上海最好最有名的店都开在苏州河的南面，在苏州河的北面多是小店杂店？那是上只角与下只角的区别。至于在这两大水土背景下诸多内河的阴与阳、东与西，就是区域文化的细分，河的两岸往往就是两种身份的居住群体，桥的两端往往就是两种文化的集散地。

所以上海是一方大水土，而在这一方大水土下，至少就是八方水土；按照一方水土养一方人的说法，上海至少养的就是八方上海人。假如是一个男人，除非飞黄腾达突然发迹或者家道中落，否则很可能一生一世就生活在同一方水土里；假如是一个女人，就会带有不确定的因素，比如出嫁，比如一段情爱经历，很有可能改变自己的水土记录，从乡下人变成上海人，从下只角到了上只角。在地理意义上，上海是平原，而在精神和物质意义上，上海是绵延起伏的丘陵，绵延之广，起伏之大，上海是独一无二的，这也就是为什么"嫁得好"百来年前就是上海女人人生课题的原因。

自然会想起王安忆的《长恨歌》和里面的王琦瑶，或者说是王琦瑶们，因为王琦瑶是一代上海女人的形象大使。她们是哪一个角的女人？她们出生在弄堂，弄堂不是最上只角的，但是也不见得是下只角的，她们就贯穿在上海所有的地方，淮海路和四川路都有弄堂；王琦瑶还住过公寓，最后死在弄堂的洋房里。王安忆对王琦瑶们当有最精当的诠释——

"王琦瑶是典型的上海弄堂的女儿。每天早上，后弄的门一响，提着花书包出来的，就是王琦瑶；下午，跟着隔壁留声机哼唱'四季调'的，就是王琦瑶；结伴到电影院看费雯丽主演的《乱世佳人》，是一群王琦瑶；到照相馆去拍小照的，则是两个特别要好的王琦瑶。每间偏厢房或者亭子间里，几乎都坐着一个王琦瑶。王琦瑶家的前客堂里，大都有着一套半套的红木家具。堂屋里的光线有点暗沉沉，太阳在窗台上画圈圈，就是进不来。三扇镜的梳妆桌上，粉缸里粉总像是受了潮，有点黏湿的，生发膏却已经干了底。樟木箱上的铜锁锃亮的，常开常关的样子。收音机是供听评弹，越剧，还有股票行情的，波段都有些难调，丝丝拉拉地响。王琦瑶家的老妈子，有时是睡在楼梯下三角间里，只够放一张床。老妈子是连东家洗脚水都要倒，东家使唤她好像要把工钱的利息用足的。这老妈子一天到晚地忙，却还有工夫出去讲她家的坏话，还是和邻家的车夫有什么私情的。王琦瑶的父亲多半是有些惧内，被收服得很服帖，为王琦瑶树立女性尊严的榜样。上海早晨的有轨电车里，坐的都是王琦瑶的上班的父亲，下午街上的三轮车里，坐的则是王琦瑶的去剪旗袍料的母亲。王琦瑶家的地板下面，夜夜是有老鼠出没的，为了灭鼠抱来一只猫，房间里便有了淡淡的猫臊臭的。王琦瑶往往是家中的老大，小小年纪就做了母亲的知己，和母亲套裁衣料，陪伴走亲访友，听母亲们喟叹男人的秉性，以她们的父亲做活教材的。"

15条道路恢复"上只角"原貌

徐汇区开始对老街区进行重新整修。湖南、天平街道是本市有名的"花园街"，1000多幢花园住宅荟萃了世界各国建筑精华，因年久失修，大多面目全非。此次创建特别注重其"原生态"的保护，重点选择武康路、湖南路、岳阳路、太原路、永嘉路等15条富有浓厚文化底蕴的道路，比照历史图片和资料，对沿街的住宅围墙实施维修，以恢复其主体造型和主体色彩。如原来外墙拉毛的依旧拉毛，原本装饰毛石的仍装饰毛石，包括围墙弧线、爬墙植物、琉璃瓦片及墙壁立柱上的菱形装饰图案等，也将一一恢复原貌。

（2006年10月23日《新闻晚报》）

如果用上海人还是乡下人的标尺来衡量，王琦瑶们当然是上海人，但是如果用上只角还是下只角来衡量，王琦瑶们似乎无法安身；她们分明不是下只角的人，家里有一套半套的红木家具，还有老妈子，母亲还要去剪旗袍料，这哪里是下只角享用得到的？但是和上只角又不很般配，就像是榫头没有对准一般。它可能是石库门的弄堂，也可能是新式里弄房子的弄堂，它可能是在静安寺一带，也可能是在苏州河的南北，也包括虹口这样的老区，它在地理上是有穿透力的，在身份上和物质上，又对上只角和下只角保持了自己的独立，不妨说这样的住处属于中只角。在上海真正称得上上只角的地域并不很多。即使是淮海路,似乎就是上只角了,甚至一直流传说,南京路是全国的南京路,淮海路是上海人的淮海路,这就是将淮海路定义为上只角的由来,那么这个意义上的淮海路,是以襄阳路服装市场作为界碑的。看一下路人,真是很奇怪的,再拥挤的人潮,自东向西,过了襄阳路,就散散淡淡,继续向西百来米的东湖路口,好像不再是淮海路一样。即使上海人也有不少是将此地当作淮海路闹市的终端。如今的时尚热地、东湖路7号杜公馆,许多上海人都不晓得它流传着影星胡蝶和戴笠的故事,不晓得还和中美两国签订上海公报有关,所有的一切长年被漆黑的竹篱笆围着,而通常,有竹篱笆围起来的一定是好地方。陕西北路宋庆龄宋美龄的娘家,至今都是用漆黑竹篱笆围着的。确实,这才是另一个淮海路的开始,东湖路以西的淮海路,就算是上只角的开始。下只角是人多店少的地方,中只角是人多店多的地方,上只角是人少店少的地方,而且上只角还有花园洋房,有街心花园,街边花园。果然,淮海路东湖路口的杜公馆就是花园洋房,再往西的湖南路、武康路、太原路、五原路、岳阳路,小洋楼一幢又一幢,店很少,人更加少。

面对着更多的下只角,中只角就是上只角了。她们的住处大都是在苏州河的南面,徐家汇的东面,肇嘉浜路的北面,黄浦江的西面,比内环线高架还要小一圈;假如说黄浦江是东首的绝对分割线,那么苏州河的分割是相对的,因为在苏州河的北面直至北火车站乃至四川路一带,也是中只角的居住区域;这其中的淮海路女人,南京路女人,徐家汇女人,四川路女人,静安寺女人,虽然也互相有苗头可以轧，总还是面子上过得去的；在这个范围之外，那就是下只角了。下只角的女人用解放后的话来说，倒真是劳动人民：闸北女人跟着男人大多数是剃头、搓背、倒马桶扫垃圾的，杨树浦女人大多数是工厂做工人的，南市女人大多数是卖水产、摆小摊头的，浦东女人全是种地的。

中只角的家庭当然不会这么苦，大多是实实在在过日子的家庭，有点点不大不小的家底，有家规懂礼貌，坐要有坐相，站要有站相，吃要有吃相——坐如钟，站如葱。也有说是站如松的，但是松是对男人而言，女人就应该是站如葱，青葱一根，又是细细的，又是青白的。这既是对一个女孩子形体的要求和规矩，也包括了城市礼仪的萌芽培养，和当下的淑女的自我修炼是一脉相承的。加上这样家庭的女儿都是读书上学的，而不是上私塾，所以对上海欧陆风情的把握，往往是从这样的女孩子开始。如果"上海女人"是一个品牌，那么品牌的最初形成，就应该是上海的女孩子与欧陆风情如胶似漆的时候。这样的女孩子一生的美梦就是在学校里发端的。读书，享受，学会做一个上海女人，嫁一个好人家，相夫教子，这就是中只角女孩子的一生应该走的道路，也是做一个神形兼备的上海女人；并且如果命好的话，就嫁到了上只角，那才是中只角女人的一生所求。

当人因为经济、文化、民俗的差异而被人为地分为上中下三个等第的时候，除了叛逆者，绝大多数人是渺小的，尤其对于女人，她必定是这三个角中的一个角。上只角女人的优越感是无疑的，有中只角女人对她们的奉承，有下只角女人给她们做娘姨；中只角女人会将在上只角女人那里受到的窝囊气，加倍地转嫁给下只角的女人；下只角女人只有俯首帖耳地认命了，在她们的眼里，凡是要雇佣娘姨的都是上只角女人，只有大人家和小人家之分，却没上只角和中只角之分。再去看看三个角女人的眼神，也是很容易给她们定位的。上只角女人看人时，眼珠是垂直向下的，眼皮都很少抬起，根本不看对方，因为所有事情有下人担待着，她也不需要亲眼目睹；中只角女人看人时，既有对上只角的羡慕并且用矜持的方式表现自己不愿意承认的嫉妒，又极力想表现出对下只角的不屑一顾，所以她喜欢眼睛白人家，向左向右，眼珠骨溜溜地转；下只角女人看人时，因为地位卑微，在低头哈腰之际，眼珠却是隐蔽地向上，可以把对方看得清清楚楚。上只角女人的眼神和中只角女人的眼神，至今还很容易看得到，等第上的三只角是没有了，但是在心理满足上，三个角依然存在。富足女人的眼珠是向下的，精明而不满足的女人是会眼睛白人的，等待帮助的女人是皱紧眉头的。

在婚姻上，下只角因为没有办法而门当户对，穷人与穷人结亲；中只角是最讲究门当户对的，哪一家人家女人是堂子里买来的，肯定是瞒不过的，但是中只角女人梦里想的就是踏进大人家；上只角的婚姻当然是最死板的、最没有人性的，而上只角男男女女又可能是最有文化的，最接受西方文明的，所以上只角人家的爱情，要么寂静如夜，要么地动山摇。

王琦瑶这样的女孩子，一生就是做着上只角的梦，也几乎离上只角穿一条马路就到了，她还住过爱丽丝公寓，这是准上只角的生活，最终又回到了中只角，而在她的内心世界，她都已经是被打发到了下只角，即使在下只角，她仍旧看不起下只角的女人。

伊一点也不像上海女人

上海的水最难喝，自来水是有漂白粉的水，以前乡下女人喝一口都想吐，于是就大叫，还是乡下的河水好，但是她不知道的是，自来水代表了一个城市的进步和文明，虽然有漂白粉味道不好，却也是把上海女人的脸漂白了。曾经有很长久的一段时间，人们都会这样赞美漂白粉对上海女人的作用，也确实说明上海女人的肤色一向很好。

上海女人的肤色是保养出来的。

上海女性爱"面子"世界称最，化妆品数量列第一

一家法国化妆品巨头 2006 年 12 月在上海做了一项调查，结果显示：上海女性早晚平均要使用二十余种产品，如今上海女性日均使用化妆品的数量居世界各大城市之首。一家旅行社的导游周先生介绍，上海女人到香港买的最多东西就是化妆品，很多上海女人一到香港就直奔莎莎，而且她们都是有备而来，很多人手里都拿着"购物清单"。

（香港中通社报道，中新网 2006 年 12 月 30 日）

上海女人是名副其实"最爱面子"的女人。

做一个神形兼备的上海女人,好像有点抽象;全中国也只有在上海做上海女人是需要资格的,它不是八旗子弟有血脉上的传承,上海女人的资格可以意会而不可言传。假如说一个上海男人被人家说不像是上海男人,虽然这种评判本身有问题,但是多多少少是对一个上海男人的表扬,那么假如说一个上海女人被人家说伊不像是上海女人,那一定是嘲笑和不屑,是在说那个女人一点点上海女人的样子都没有,这包括语言、生活细节、行为方式。它的潜台词是,她是下只角的女人,还有改不掉的家乡口音;她的父母亲是外地人。即使是在当下,是不是上海女人,在上海女人和外地女人的潜意识里,仍旧是一个问题。常常有一些上海女人,明明就是生在上海长在上海,而且也蛮会发嗲,也会扭捏,但是就被人家背后议论说:"伊真的不像是上海人,我一直以为伊是北方人,还跟伊开国语呢。"倒过来,有从外地来到上海的女人,和上海女人习性相仿,会有人当面恭维她:"侬倒像上海人的。"被恭维的女人一般总是怯怯地不敢接受恭维,而不是板面孔:"谁要做你们上海女人!"

上海有一条吴江路步行街,集中了许多小吃和小摊贩,也有很时尚的小店小摊,因为邻近南京西路写字楼而成为白领热衷光顾的地方。其中有好几家装饰性的美甲小店,把各种花哨的美甲造型片粘在指甲上,生意一向不错;问过小店店主——店主来自湖北,也是很时尚的年轻女子,一头黄蜡蜡的头发,十只手指伸出来,乍一看就跟歌星滨崎步和蔡依林差不多,店主说来做美甲的上海小姑娘不多的,大部分都是外地女孩子。也问过几个上海小姑娘为什么不做美甲,她们反问,上海人啥人会去做这种"嘎夸张"的事体？明明是一个时尚，明明上海小姑娘也算敢夸张的，为什么装饰性很强的美甲就不被她们接受呢？她们说，上海人的美甲，是美自己的指甲，是美自己的手，指甲上贴一块东西，一看就是假的。这就说到了点子上。一双手的重要性对于一个上海女人来说，仅仅亚于脸，脸还可以化妆，手型却是完全的天生。上海女人会精心修葺指甲，会精心地涂指甲油，决不会在指甲缝里有一丝污垢，否则就会被人家笑话。上海女人喜欢有意无意地手伸出来，绵软柔滑，手指细细长长，除了指节上浅浅的皱褶，竟再也没有皱纹。

从来没有谁说过上海女人不应该做花哨的美甲的，就像从来没有谁给"上海女人"设立过几要几不要的标准和原则，在上海女人的心底，自有"上海女人"的模糊概念，不必理论上的归纳，却有过招时的辨析。一些电视节目女主持人，不要看她们穿得时尚性感，不要看她又是旗袍又是说话绵软无力好像很嗲的样子，一看她举手投足的样子，就知道是从外地跳槽跳到上海来的。也正因为上海的洋气十足，所以许多女公众人物，或者是自我介绍，或者是媒体介绍，也总是将自己和上海有意识地媾和在一起。或者学籍在上海，或者曾经在上海，或者丈夫或者父母亲祖父母是上海人，"上海女人"俨然是一个体面的身份。杨澜、闾丘露薇、洪晃、鲁豫、张曼玉、关之琳、林忆莲、田海蓉、马艳丽、卫慧、安妮宝贝、虹影、杨采妮……好像都和上海沾边，一定程度上，她们也是上海女人，更大程度上，她们也以自己具有"上海细胞"为荣。和上海虽然没有任何牵挂的，像靳羽西，也要在上海安一个新家，而且还要把家安在最有上海意义的地方：老锦江饭店。

即使是一个婚外恋的事件,如果是和上海女人有关,这么个事件也好像多了点色彩。

但是上海人,主要是上海女人,依然会以自己作为上海女人的模式,评定"伊"像不像上海女人。巩俐算得是国际级的明星了,但是她在《摇啊摇摇到外婆桥》中扮演的歌女小金宝,被上海人一句话盖棺论定:"伊一点也不像上海女人的,跟天涯歌女周璇根本不好比的。"《长恨歌》有电影,有电视剧,郑秀文、黄奕、张可颐都扮演了王琦瑶,郑秀文的电影版王琦瑶影响一般,黄奕、张可颐的电视剧版王琦瑶收视率不低,但是一定令黄奕十分郁闷的是,她这个纯粹的上海女人被人家说成不像上海女人,而被说成老有上海女人味道的张可颐,却是一个土生土长的香港人,上海闲话一句也勿会讲。还有一对明星白杨和徐帆,相隔五十年,各自演了话剧《日出》,当年白杨演的陈白露,在剧终前背朝观众看日出的时候,据说连微微颤抖的背都是上海女人的样子,而徐帆自始至终是一个满口京片子的北京明星。很难说清楚上海女人的后背到底应该是什么样子,也很难说徐帆到底什么不像上海女人,而且她也绝对不缺少上海女人所需要的任何物质上的装备,但是反正她就是没有上海女人的味道,就好像是一个人可以把牛津标准英语讲得酣畅淋漓,但就是没有人把他当作英国人。至于刘晓庆在上海主演的《金大班的最后一夜》,那真是离上海女人远得有十万八千里了。

所以有人惊呼:"做人难,做女人难,做上海女人难上之难。难就难在做了上海女人却被人家说不像上海女人。"

2002年,上海电视台推出了一档"时髦外婆"节目,请如今外婆年纪、五六十年前的上海小姑娘回忆她们当年海上繁华梦，看电影、吃西餐、荡马路、买衣裳……"时髦外婆"只有在上海的电视台播放才会有不错的收视率，也只有在上海才能找到"时髦外婆"，而且还不是凤毛麟角。时髦外婆是谁呢？就是当年的女学生，没有人怀疑她们的真实性，而且很容易随着她们去想象当年上海女人的有滋有味。唯一一个出乎观众意料的是，她们都以为主持人70岁高龄的周谅量当年就应该是一个时髦的小姑娘，因为她在不经意间散发的全是时髦外婆的气韵，坐的样子很端庄，说话不紧不慢，不张狂也不畏缩，每次出镜，总看到她花白的头发，衬着颜色鲜艳的衣服，可以想见年轻时的风姿绰约。但是事实上，周谅量说，她没有时髦外婆年轻时候的生活经历，虽然是一个地道的上海人，但是"父亲是职员，为了供养我们姐弟四人读书，四处奔波，家境并不宽裕。虽然学校与繁华的霞飞路（今淮海中路）相距不过百米，当时我却很少去那里，更不用说有'十里洋场'之称的南京路了"（引自上海三联书店《时髦外婆》）。是多少年的演艺生涯，是多少年被浸润的上海人的行为方式，成就了周谅量的时髦外婆的派头。

周谅量和时髦外婆有一个不可忽视的共同点：她们都曾经是那个时代的学生，也就是洋学生。如果没有洋学生，上海产生不了具有品牌意义的上海女人。洋学生是上海女人的摇篮，是"上海女人"的"酵母"。她们学到的除了课本上的知识，更多地接受了西方的生活方式——西方的女孩子的休闲方式。如今当人们有兴趣关注上海女人产生的时候，溯着她们一生的日历翻回到她们的少女时代，会有一张共同的月份牌：读洋人的书，娱洋人的乐，而且还读书享受两不误。

1931年上海四所大学举行英语比赛，结果前四名都是女生；1935年全国自行车比赛女子组冠军也是上海女学生（到了70年代和80年代，全国自行车比赛的冠军经常被乡村的菜农夺去）。女学生是上海时髦的代名词，拥有名校文凭是最荣耀的光环。她们在公园草坪上拍的pose照，影响了整整五六十年的女人。当许多地方的女人还在缠小脚的时候，上海的女学生已经将在游泳池嬉戏、在高桥海滨浴场游泳当作时髦了。1931年，市政府在高桥开辟海滨浴场，沙滩上的沙子都是筛子筛过的，去除了夹杂的小石子。滩边设置了许多帆布帐篷，还造了不少小凉房，供出租休憩、住夜。岸边筑有大型的餐厅，可同时容纳几百人就餐，还建了一个蒙古包和一个草厅，可以就餐也可以休息。

更加显得出当年洋学生影响深久的是华师大的丽娃河。"爱在华师大"，一直是华东师范大学的骄傲，骄傲的理由不仅在于学生会爱，而且是它有一条丽娃河，它是华师大的爱情河；在上海高校重新扩建之前的几十年间，华师大是上海所有大学中唯一一所有河的大学。世界上所有的地方，有河的地方必多一份情愫。华师大的丽娃河是人工开凿的，当丽娃河开凿的时候，还没有华师大。1930年代初，西班牙女侨栗妲（Rita）在丽娃河这个地方的废弃河床重新开河，取西班牙文rio（河）之音，定名丽娃栗妲村，波光水色，环境幽静，是当时女学生的好去处，当然她们不会想到几十年后，它成了大学生的爱情河。

洋学生是时髦，洋学生是标牌，洋学生是风景，洋学生也当然要成为男人的目标。渐渐地，资本家都看上了洋学生，渐渐地，解放军也看上了洋学生。不论是哪一个社会层次，美的、漂亮的、适宜的女人，都是不用教就看得懂的。也可以看得出，上海洋学生已经出类拔萃到了人见人爱的地步。她们的形象是城市的，而不是乡村的，是有西方式教养的，而不是俗趣的粗鲁的，是有知识的，而不是阿木林的，是有共同语言有情趣的，而不是木头木脑只会做事情生孩子的。

曾经有一个年轻工农干部，解放初期在上海已经做到了科长，有妻有子在乡下；工作极其出色，也因为出色，和一个女科员就渐渐眉来眼去有了私情，不料东窗事发，最终被组织以"生活腐化"的罪名打发回老家种地。这位科长在自己的悔罪书上责问自己："我为什么意志就这么脆弱，为什么就摆脱不了这个狐狸精的诱惑？"当年写过如此悔罪书的干部并不少，撇开道德和两地分居的因素，也就是说，"上海女人"在当时已经完成了形象的塑造，"狐狸精"是一个贬称，实际上，具有相同的内质，具有自由焕发的率性，才是上海女人的根本。

还有一个女人和男人的故事，据说就是她和他，引发了王安忆写《长恨歌》的原始冲动。王琦瑶的惨淡一生最后终结在谁的手里？为什么会被终结？不管王琦瑶的原型是不是那个叫作蒋梅英的上海女人，反正两个人的生命转折点颇有几分相像。《新民晚报》资深记者钱勤发长篇报道《美女劫》，写的就是蒋梅英的故事。

蒋梅英曾经风靡上海，她是旧上海的十大美女之首，老上海都见到过的"美丽牌"香烟壳子上的那个美女，就是蒋梅英的肖像。她长得很丰满，目光很婉约；可以说那时候蒋梅英依凭的就是上海女人的特质而家喻户晓的，但是到头来也正是她风姿绰约的上海女人特质，结束了她的一生。1974年，蒋梅英62岁了，丈夫已经去世，虽然青灯孤影，倒也过着平静的生活。但是只不过是在弄堂里无意间遇上了派出所户籍警、26岁的周荣鹤，蒋梅英倒霉了。周荣鹤听说了蒋梅英解放前的身世后，好奇心陡起，借访问居民为由，单独去了蒋梅英的家。先是打听一番蒋梅英解放前的活动，突然26岁的他冲动了，对62岁的老太太动手动脚了。后来周荣鹤在交代中这么写道："我当时看到她面孔很白，看上去像40多岁，我就动坏脑筋，突然间用双手抱牢伊，用嘴凑上去在她耳边讲，今天的事，你不可以讲出去，意思就是我今天抱牢你不可到外面讲，接着我就在她面孔上香了一个嘴。"九年之后，周荣鹤官运亨通，但是"抱牢伊""香了一个嘴"始终是他的心腹之患，他决定要把蒋梅英的嘴堵住，他再次到了蒋梅英的家。蒋梅英以为他又要来侮辱调戏了，就站起来叫他走，而且还提高了嗓门，想让邻居听到。周荣鹤慌了，把蒋梅英按倒在椅子上，一只手捂住了她的嘴，一只手挟牢她的头颈："侬不要响，响出来我要倒霉的。"蒋梅英越是挣扎，他双手捂得越紧，直到蒋梅英没有了动静；他把蒋梅英抱到床上，掏出身上手帕替她揩掉鼻子上的血……"美丽牌"香烟壳子女郎就这样莫名其妙地命归西天。

周荣鹤的流氓行为没有必要作论了，但是26岁的小青年会对一个62岁的老太动心，实在也是蒋梅英风韵犹存，实在也是一个经典式的"上海女人"形象散发出来的魅力，否则26岁的小青年也不至于会抱牢伊，还香了个嘴，当然这绝对不是蒋梅英的错。她肯定不是普通的漂亮，普通的漂亮上了年纪肯定不漂亮了；

她也肯定不是普通的看上去年轻，普通的看上去年轻也就是不太老而已——62岁，无论如何，即使在如今都已经是不年轻的年纪了。蒋梅英身上是某一种特质，就像那个工农干部无法摆脱对女学生下属动情一样；就好像一个人年轻时候讲究营养，到老了还显得细皮白肉，还显得红光满面。上海女人从少女时期在洋学堂里打下的欧陆风情基础，哪怕是饥寒交迫，仍是不忘从从容容，哪怕是一身补丁，仍是不忘有模有样；"上海女人"就是上海女人的血型，决定了她们的性格和命运。她们不是在刻意地讲究生活，而是她们做不到刻意地不讲究生活。据说，所有认识蒋梅英的人都有一个很深的印象：那个老太"老清爽格"。

清爽不是龌龊的反义词，而是对一个清贫的老人从神情到衣裳到举手投足的高度评价。一个女人，当然一般来讲是有了点年纪的女人，被人家称赞"清爽"的时候，实际上是在称赞她的底气，她不是一个富贵之人，但是她有过富贵的经历，看人的眼神依旧是不卑不亢的，一身穿着是得体的，袖口无论如何不会毛毛拉拉，出门前，总是把肩上的细发和头屑全部掸清。

还有一个版本。《上海烟业》杂志2001年曾经刊登文章说：美丽牌香烟包装上的女人不是蒋梅英，而是叫吕美玉，当时在上海是很有名的交际花，也会唱京戏。当时上海滩的闻人黄金荣和法租界公董局董事魏廷荣都看上了她，经过一番争斗，吕美玉嫁给魏廷荣做如夫人（二房太太）。改革开放以后吕老太太移居美国，似乎去世了。说李美丽、蒋梅英是美丽牌香烟壳子的模特儿均属失实……

我就此向钱勤发先生核实。他回忆说，他当时是查看了市公安局的有关卷宗采写的,卷宗里的被害者蒋梅英,确实是美丽牌香烟壳子的模特儿;是否当时模特儿不止一个人,或者是其他的原因,有待考证。

不管是哪一个版本,蒋梅英年轻时候一定很漂亮,到了老了还一定很清爽。

"派头"两个字，女人一辈子

阿基米德说，给我一个支点，我就可以撬起地球；上海女人说，给我一盒雪花膏，我就可以抹出妩媚。只要有一星半点的可能，上海女人就想做一个上海女人，只要有一袭春风，上海女人就会在沉醉中复苏。

上海女人是不大会在吴江路美食街上做花哨的美甲的，不仅美甲与上海女人内敛温婉的风格不符，而且上海女人还讲究什么事情一定要在什么地方做，这也是上海女人作的一个方面，怎能想象一边做美甲，一边喝避风塘奶茶呢？虽然这两者一点也不矛盾。你可以说这是一种造作，你可以说这是一种讲究，讲究的是什么？是氛围，是情调，是品牌，是派头，最要紧的，是和人家不一样。

上海这座城市在国内率先开化，给女人带来了幸福，但是也给女人带来了痛苦，因为必须要符合上海的派头，什么事情都必须做得和别人不一样，就是要让别人看得眼睛一亮，要羡慕要学样还学不像。

有个大姐大级别的女人，二十年前就擅长莳花弄草，家里的植物算得上名贵。但是这不是让人家啧啧称奇的。家里的盆栽植物都铺了白石子，就是建筑装潢用的白石子，有人以为是为了美观，这就少见多怪做洋盘了，盆子里全部是白石子，没有泥土。这是这位大姐大和她的小圈子共同发明的无土栽培种植秘笈。泥土免不了会生虫，家里就不卫生，于是就用白石子加营养剂。但是真正让人佩服的是之后要做的一件事情，过了个把月，就要把白石子倒出来汏一遍，戴好了橡皮手套，一把一把地搓，然后再加营养剂，一点都不会生虫。大姐大每每说到洗白石子的时候，眼睛都会放出光芒。有人说她真是吃饱饭没事体做，就算是要汏，也应该叫阿姨汏。但是大姐大说："侬（你们）真不晓得，阿姨汏菜汏得清爽，汏石子就汏不来了，伊拉总归当作是种花的，汏不汏一样的；所以一定要自己汏。再讲，种花是为了让自己享受啊，当然不能马虎。"

这是有钱人玩不花钱的游戏。有钱人会花钱当然是基本功，不算狠，真正狠的，玩人家想不到做不来的事情。

上海近年来又冒出了一个超级模特杜鹃，被誉为是国内第一个真正意义上的国际名模。作为名模少不了会接受采访，有记者问她在上海最喜欢逛什么街什么店，当然这是一个最没有价值的问题，但就是这么一个没有价值的问题，细细区别一下非上海籍明星和上海籍明星的回答，可以看出上海女人的得意。非上海籍明星在上海，会对记者说，喜欢外滩3号，喜欢淮海路，喜欢南京西路恒隆、中信泰富和梅龙镇广场；如果要说到自己善于沙里淘金，那么还会说喜欢襄阳路服饰市场。上海女人当然也喜欢这样的地方，但是因为外地人说过了，她们就不说了，她们要说一点外地人不知道的地方，连许多本地人也不知道的时尚去处。杜鹃告诉记者，她至今还常常去陕西路新乐路的一些小店，是它们熟客。那些小店的衣裳是直接从国外进货的，牌子不错，她在国外也看到过；而且就是这么一件两件，穿在身上肯定不会和别人撞衫的，还便宜。这么回答的时候，杜鹃是有一丝淡淡得意的，这一份得意，分明就是一个上海女人因为熟稔上海而对上海的心领神会，因为熟稔上海马路细节而对逛街的独具匠心。

这是有身份的人玩没有身份的游戏。有身份的人去有身份的地方那是必修课，有身份的人高人一等的地方在于选修课，选了人家不敢选的课程。

这就是派头。派头经常是用钞票表示的，但是上海女人的派头除了用钞票来甩派头，还经常具有精神上的派头，那就是跟人家做得不一样，却不由得不叫人家心里羡慕。就像游击战理论：敌进我退，敌驻我扰，敌疲我打，敌退我追。上海女人的派头，就是和别人玩捉迷藏的游戏，她就在你身边，但是你就是抓不住她。

但是更多的上海女人既没有很多的钱，又没有任何的身份，为什么也常常给人别出心裁标新立异的感觉？她们怎么来甩出她们的派头？

有一个清清爽爽的女孩子，也就是长大之后会很适宜的女人，家里算不上富有，在她的个人简历的"家庭出身"一栏里，她填上去的是"职员"。"职员"这么一种家庭成分，也是上海独多的，不是工人阶级也不是资产阶级，是洋行里的员工，从现在的认知水平来看，倒是看得懂了，就是公务员、公司员工，可能还是外企，可以列入白领范畴。这个女孩子原本是读大学的料，但是遇上了"文革"后期中学毕业，没有去上山下乡，分配到了饭店里做服务员。1970年代的饭店员工，是被人家看不起的，而且还有一个"饭乌车（乌龟）"的绰号，根本比不上纺织工人的荣耀。女孩子分到了饭店，穿上本白色的工作服，师傅们不叫它工作服，而是叫它"号衣"，因为在工作服的左胸上有一个红色的号码，可以给客人招呼的；当年红极一时的滑稽戏《满意不满意》里，就有一个3号服务员。女孩子整整哭了一个星期，后来当然也习惯了，好歹还是留在了上海工作。

一个在被人家看不起的行当里工作的女孩子，还有什么可以令人称道的？女孩子号衣穿在身上终是不开心，尽管她洗得很勤，不让号衣上有油渍，而那些号衣脏得像刮刀布一样的同事还嘲笑她："汏得嘎清爽（洗得这么干净），当它是白衬衫啊！"白衬衫是1970年代最华贵的衬衫。就是这么一句善意的嘲讽，激发起了女孩子的灵感。第二天上班的时候，她的同事果然眼睛一亮：女孩子把号衣用漂白粉漂得雪白雪白，真的就像白衬衫一样。女孩子从心底厌恶自己的职业，但是并不妨碍她对工作服的创意想象。

有一种普遍的观点认为，被大家追捧之至的"上海女人"，都已经是时髦外婆的年纪了，都是五六十年前的特定年代的一代女人；至于现在，地域趋同，学识趋同，理念趋同，再加上各个地域的人口在交融，所以如今的上海女人，尤其是如今的上海小女人，已经渐渐丧失了"上海女人"的特质。这个观点好像很有逻辑性，但是如果做一个类比推理式的反问，就会觉得这个观点的似是而非：如今山东女人是否丧失了山东女人的爽？如今四川女人是否丧失了四川女人的辣？当然不会，那么上海女人的特质当然也依然保持着。

一个传媒界的上海女人，年纪不大，出身不错，有知性闺秀的味道。她有时候抽烟。女人抽烟当然不是稀奇的事情，女人抽烟架势很好看也不是稀奇的事情，但是唯独她抽烟，总会引起旁人的几声赞美。她不与人家烟烟交流，坐定后，说说话的时候，她就从自己的包里拿出一个皮袋袋（不是大烟袋），里面有一盒女性烟，有一个打火机，这些都还不算特别。只有当她点上香烟，才看清楚了不可复制性：皮袋袋里还有一个袖珍的烟缸，连盖。女人轻轻吸了几口，然后把烟灰弹在袖珍烟缸里，每一次弹烟灰后即把盖子合上，不让灰飞出来。那手指弹烟的姿势和幅度，简直就像是经过职业模特训练的一般。旁人赞叹，女人就只是浅浅一笑："便当呀。"女人就是不愿意将自己的这一套烟具再作任何的炫耀。旁人问这么好的东西是哪里买的，她说就是在国外旅游时候看到的。去过国外的人很多很多，问题是为什么就是她这么一个上海小女人发现了，买回来了。

不论是自己汰白石子，还是用漂白粉漂工作服，还是一套优雅的烟具，都很具有个性，甚至就具有不可复制性，钱是烧不出来的，学校是教不出来的，读张爱玲是读不出来的，做实习生是做不出来的。毛泽东在《人的正确思想是从哪里来的》中有一个著名论断，他说的是革命实践，我们也可以理解为是上海女人之所以成为"上海女人"的实践。毛泽东是这么论述的："人的正确思想是从哪里来的？是从天上掉下来的吗？不是。是自己头脑里固有的吗？不是。人的正确思想，只能从社会实践中来，只能从社会的生产斗争、阶级斗争和科学实验这三项实践中来。"为什么喜欢自己汰白石子，喜欢漂白粉漂工作服，喜欢用一个烟具？因为她们是上海小女人啊,在她们从小耳濡目染中,接收到的就是"上海女人"的生态基因与心态信息,而不是山东女人的爽、四川女人的辣。

看一眼很有派头的事情,如果没有充分的实践,做起来就不知道在做什么。

上海女人最吃名牌

一项"品牌与女性消费调查"的结果显示:98%的上海女性购买过名牌商品,上海女性消费者在购买化妆品、内衣文胸、手表、手机、卫生巾、电视、冰箱、小家电、轿车等产品时,首选国际名牌。53.1%的被访者表示,她们只买自己喜欢或适合自己的名牌;22.5%的被访者表示"在经济能力范围内,选择购买名牌"。

(2006年12月15日《上海家庭报》)

上海女人想得很明白,吴江路就是小吃的地方,或者干脆就是买仿冒品的地方,那里饭店也有,但绝对不会去办结婚酒席的。办喜酒是要去向往的地方,哪怕很贵;其实就是花钱买几十年后的珍贵回忆。派头也是需要勇气,需要眼光的。为了派头,上海女人自己把自己的消费水平提高了很多。

即使一件在他人看来非常正襟危坐的事情,只要是由讲究氛围、讲究情调的上海女人来操持,照样点化出上海的风情,照样点化出上海的派头。

2006年12月的冬至,上海女作家唐颖在凤阳路的一栋小洋楼里办了一个派对。派对的主题是她新书《红颜——我的上海》。因为在书中写到了旧上海精神的流失，以及新旧交替中现代女性的转变，有追求爱情的失落与成长，有少女时代对甜美爱情的向往，也有认清爱情面目后对同性友谊的渴求，更有勇敢追求新生活的坚持和无悔……所以在凤阳路的小洋楼里开新书朗读派对，就有了别样的感觉。整个房子灯火通明，从一楼到四楼的走道里和扶梯上摆满了圣诞红。穹顶有美丽的吊灯与彩饰的玻璃，灯光有些暗，却又是充足的，人声有些杂，却也低而细，有人声情并茂地回忆往事，几个戏称的"老烟枪"在阳台上抽烟。大家轮流朗诵唐颖小说的片断，而小说讲述的也是关于"我的上海"的故事和风情。这样既似时尚，又似怀旧的派对，有种矛盾的令人着迷的张力。上世纪三四十年代的风情从现实流进书里，又从书里染入现实。

凤阳路是条短街，岔路多，人流多，新旧建筑混杂。到凤阳路之前，要先从南京路拐到黄河路，远远近近的餐馆招牌看不到尽头，这条从上世纪90年代中期兴盛起来的美食一条街，成为"吃在上海"的一个缩影。而张爱玲一度居住的长江公寓，淡褐色的马蹄形的外形，从凤阳路口一直延伸到黄河路上，东一块西一块的颜色参差不齐地罗在外墙上，像是伤口拙劣的包扎。和借张爱玲盛名得到诸多关照的常德公寓相比，全然是被冷落的形象。但是女作家唐颖在这里为自己的新著找到了一个注脚。她写的人物是旧的，开派对的小洋楼是旧的，两个旧糅合在一起的时候，就显得有一种恰到好处的新意。

类似的派对或者酒会还有一些。你可以说这是做秀——上海女人是喜欢做秀的，却也是善于做秀的；虽然性格内敛，但是一门心思就是要做得人家眼睛一亮，却又模仿不了。在派对中，有点淑媛，有点老克勒，好像在演绎五六十年前的一个洋房场景，也好像是集合建立起一个上海女作家的洋房风格和品牌。如若是北京的女作家要做一个新书的朗诵会，可以在四合院里，也可以在琉璃瓦下，但是无论如何不会是在一个可以开派对的地方；如若是广州的女作家要开一个新书的派对，可以在茶楼，但是壁炉是无论如何不可能的。

从上世纪的二三十年代起，上海的女性有幸成为文化的女性，所以追求与众不同，追求个性，追求自由，就成了上海女性的风格。当整个社会还处于半封建半殖民地状态时，上海的女性却已经进入了知性女性的阶段，这要感谢她们的父母亲，既是有钱的，又是开明的，还是对女儿宠爱之至的，女儿想读书就读书了。但是她们的父母不可能料到的是，因为女儿上的是洋学堂而不是私塾，所以女儿因为有了知识，就有了民主意识，因为有了民主意识，就有了反叛精神，因为有了反叛精神，就有了不肖子孙，因为有了不肖子孙，使得上海女人中诞生了温婉与刚烈相济的女人，足以称得上伟大。

伟大也是一种派头，而且一个女人的伟大派头，往往是从她的小姐派头小姐脾气开始。

她就是一代京剧大师麒麟童周信芳的妻子裘丽琳。

在本章的第一节写到三个角的女人的爱情与婚姻时，我埋下了一个伏笔：上只角的婚姻当然是最死板的、最没有人性的，而上只角男男女女又可能是最有文化的、最接受西方文明的，所以上只角人家的爱情,要么寂静如夜,要么地动山摇——要说的,就是裘丽琳。

1928年,18岁的大家闺秀裘丽琳在看戏时,爱上了周信芳。裘丽琳的外祖父是苏格兰人,因此她兼具中西两种文化。裘周两人的自由恋爱很快成为小报竞相追逐的花边新闻。虽然麒麟童名声很大,但是在上流社会看来,他终究不过是一个戏子,况且已有了妻室。裘家对最为宠爱的小女儿"三小姐"严加训斥,强行看管,不许出门。

裘丽琳趁着家人看管懈怠之际,穿着睡衣拖鞋逃出了家门,周信芳将爱人安排在苏州躲藏。为此,裘家勃然大怒,登报公开谴责裘丽琳,并声明和她脱离关系,还扬言要对周信芳采取报复行动。裘丽琳给母亲写了好几封请求宽恕的信,但是毫无回音。在受到人身威胁和危急之下,裘丽琳只得请律师在报纸上刊登律师启事:"当事人已经成年,依法享有法律规定之公民权利,任何人无权限制其人身自由和侵犯其合法权益。"由于无法排解各种势力的压迫,于是,戏子周信芳和裘丽琳真的离开上海私奔而去,周信芳时常在外埠跑码头唱戏,裘丽琳则始终陪伴在他身边。知识就是力量,知识就是塑造上海女人的力量。

多年后终于得以回到上海,周信芳和裘丽琳举办了一场隆重的婚礼。裘丽琳按照西方习俗,穿上了代表纯洁的白色婚纱;周信芳则穿了一件燕尾服。而这时候,他们已经是三个孩子的母亲和父亲了。他们的爱情句号画在了"文革"中的1968年,裘丽琳肾脏被红卫兵打破裂,死在华山医院急诊观察室外的走廊上。

曾经有人叹惋,像裘丽琳这么有派头的女人,死的时候一点尊严都没有了，确实是这样。但是当重新回眸这么一个女人的一生时，能够感觉到的，不是她死得凄婉，而是她生得有派头。

在裘丽琳和周信芳的传奇中，人们可以看到的是比京城《大宅门》千金小姐的爱情故事走得更远，更加义无反顾。这与其说是上海女人率性，还不如说是上海培养了上海女人的率性。一方水土养一方人显示出了真正的内涵。上学使她们张扬了追求自由的个性，而上海的文明毕竟是允许她们追求自由个性，虽然还没有妇女组织，但是裘丽琳可以在报纸上刊登一个维权声明，可以公开地私奔，最终社会依旧接受了他们。在上海，千金小姐私奔的故事层出不穷，为情而奔，为心而奔；有奔得对的，也有奔得不对的。更有想过奔，哪怕就是心里一闪念地想过奔，而最终没有奔的，也一定是命中注定，许许多多女人后来早已经将曾经想过的奔忘得一干二净，而也有女人，即使在生命结束前，还对这一个"奔"字耿耿于怀。

上海是一个让上海女人有派头的城市，所有的派头，都是来自不安分。所以，上海是一个让女人不安分的城市。

/ 第二章

女人花：适宜比嗲更重要

/ 风情发生地
洋房，金陵女大，古今胸罩，罗马花园
/ 人影
姨太太，李媛媛，宋美龄，张爱玲，空姐
/ 语录
适宜，软实力，家庭妇女，金丝鸟
/ 课题
上海女人适宜在哪里？

看上去老适宜的

几乎每一个人都没有恨过林婉芝，没有恨她的理由；甚至人们放弃了惯常的对小老婆这么一种身份的鄙视，更多的是在潜意识里将林婉芝和小老婆分离了开来。因为林婉芝就是李媛媛。虽然这只是电视剧《上海的早晨》中的角色和演员的关系，但是出于爱屋及乌的心理，人们对林婉芝的同情乃至爱怜，远远超越了原小说对这么一个人物的界定。因为在林婉芝身上，不，是在李媛媛身上，人们感觉到了一个上海娇柔小女人的存在，感觉到了一个上海娇柔小女人的寂寞，感觉到了上海娇柔小女人所生活的洋房里面的情爱伏笔。在这样的心理驱使下，李媛媛的山东祖籍和不低的个子都被忽略不计，都已经被她的几乎百分百的上海女人的感觉所掩饰。

孩子是李媛媛生命的延续

如果早发现这个癌症的话，我的儿子就没有了。如果发现早的话我觉得面临抉择太痛苦了。是要孩子还是要妈妈，我都不敢想象这个问题。这个尖锐的问题在这么稀里糊涂的过程中忽略了。所以我由此想到人生有的时候不要光想到你失掉什么。人生就是这样，有得有失。你失掉了什么，你同时又得到了。我觉得就像莎士比亚的十四行诗所说的:"我觉得他一定是我生命的延续了。"

(2001年12月12日《羊城晚报》)

可以有很多褒扬的词语来形容林婉芝的李媛媛,或者说是李媛媛的林婉芝:漂亮而精致,艳丽而秀气,聪明而脱俗……再多的词汇中,也许有一个词语在褒扬时都不会不用:适宜。有一位李媛媛的高中男同学刘爱民回忆过高中时候的李媛媛,就是一个很适宜的女孩子:"那时我们俩都在学校的宣传队里,她是学弹柳琴的,师从济南军区前卫歌舞团一个挺有名的柳琴艺术家,而我是学拉二胡。那时男女生很少讲话,所以我和媛媛在学校宣传队里整天碰面,但印象中没讲过几句话,一说话都会脸红。至今在我的记忆中,她还是那个脸蛋圆圆的、红扑扑的小女孩,天天手拎着柳琴盒子,蹦蹦跳跳在学校门口……"

"伊看上去老适宜的",这是所有人对李媛媛的评价,而这么一个评价,对于上海女人来说,就是最高的评价。它意味着,你可能是好看的,你可能是有钱的,你可能是聪明的,但是你可能是看上去不适宜的。就好比说一个人的五官,假如拆开来评判,眼睛、鼻子、嘴巴、脸型、额头,都是好看的,但是组合在一起不如单个的效果好,就算不上适宜;只有每一个部件本身都是上乘的或还算可以的,组合起来又非常和睦,那才是适宜。苏东坡说"淡妆浓抹总相宜"的相宜,也就是适宜的意思。在英语中,适宜是 in order,假如是直译的话,那就是"在正常、次序、顺序之中";反过来说,假如是 out of order,而且还是相对于一个人来说,那么问题将会多么严重;尤其是在极其讲究 in 还是 out 的时代。不管什么层次，在男女之间的情愫中，适宜是永远必需的。"这一个女人是否带得出去？"实际上就是在问自己，这个女人是否适宜。

　　一个女人的适宜，一个上海女人的适宜，与她的相貌有关，却也不仅仅是相貌。相貌好是一定的，至少是比较好的，给人第一感觉就是可人，还没说一句话，就这么淡淡一笑，散发出了亲和力，神情中有妩媚有淡定，有谦和有自若；说起话来，轻软的，初次见面握个手，手伸出来也就是恰到好处；而且也是绝不会跷着大拇指说话的；一颦一蹙，也是看上去很惬意的那种，古代就有"东施效颦"一说，它不仅是说丑女效仿不了美女的蹙眉，也是说美女的蹙眉是好看的；看她的穿戴，不见得一定是上千元上万元的行头，哪怕是贫瘠的时候，就是搭配得妥帖。

　　乃至上了年纪，韶华已逝，却还是会受到年轻女孩的羡慕，侬看啊，嘎大年纪了，伊还是老适宜的，年纪轻的辰光就更加适宜了。就像林婉芝这样的资本家姨太太不少，当年身为资本家的姨太太，适宜就是她们的资本和本分；后来参加社会工作，卸去了姨太太的妆奁，还是适宜，再后来"文革"开始，就在弄堂里扫垃圾，但是适宜的质地还在，旧衣衫照样穿得清清爽爽，就算是衣服破了打个补丁，也是用相近的颜色补得整整齐齐服服帖帖，人格没有了却一点没有蓬头垢面，难怪邻居背后会说，到底是资产阶级小老婆噢，适宜得来。实际上姨太太的适宜，是在她做学生时候就开始了的。

　　这就是上海女人的适宜。其他地方的女人也一定有其地域特有的魅力，却很难用"适宜"去解释，就像很有可能，其他地方的女人很难想象"适宜"对于女人来说，到底是什么意思。在北方话中，"适宜"更接近于"适合"，用作副词，比如"南方适合种水稻"。而在上海话中，"适宜"是形容词，用途更广，可以解释为"舒服"，可以解释为某种期待着的舒坦和开心，男女之间有了点不愉快，突然男人主动让步了，然后对女人说，侬适宜了吧！也可以解释为"爽"，暑天口渴的时候，一罐可乐喝下去，"适宜啊"。但是当它形容女人的时候，"适宜"和"嗲"一样，上海人是明白的，讲不清楚的，外地人是不明白的也学不会的。这和上海女人不会唱山歌是同样的道理。

适宜像是气质，却不全是气质，像是风度却不全是风度，像是优雅却不全是优雅。可以说，适宜，是上海女人"嗲"之外的另一个独家招牌，而这两个招牌之间又有丝丝缕缕的关系。适宜的女人，一定会有嗲的成分，但是嗲的女人不见得就是适宜的女人。会有这样的女人，看上去是蛮嗲的，但是背后人家说她嗲得不适宜，那就是她的嗲有问题；比如说是嗲过头了，比不嗲还不好。适宜和嗲在一个女人身上，适宜是更高的层次了。

适宜的外包装是小巧的、精致的、薄弱的、绵软的，那就是小女人，但是镶嵌在这个外包装里面的，是聪慧到了明白该怎样聪慧，风情到了明白该怎样风情，谦和到了明白该怎样谦和，柔软到了明白该怎样柔软，坚决到了明白该怎样坚决。这一切也是可意会不可言传，这一切，不是每一个上海女人都具备的，却是上海女人的秘笈。它需要这个女人天生丽质，它需要这个女人有良好的家庭教育，它还需要这个女人生活的城市环境。

当我们在心底一直很爱怜三姨太林婉芝的时候，当我们把李媛媛就当作了林婉芝的时候，其实我们在乎的就是她的适宜。上海女人所有的适宜，在李媛媛的林婉芝身上最适宜地流露了出来。我们可以说巩俐、章子怡风情万种，赵薇是标准的上海人，她的格格式痴癫风靡海峡两岸，但是专属于上海女人的适宜，她们身上是没有的。

在真实的上海，最经典的适宜当属宋氏三姐妹，最经典的适宜事情当属1943年宋美龄在美国刮起的美龄风。宋美龄兼具中国古典气质和西方优雅风度，而又带有犀利、精明的作风，使美国人如醉如痴、又爱又恨。

时年45岁的宋美龄去美国访问，她的外表，她的熟练的英语，她的文化底蕴，她的睿智，博得了美国人对中国人抗战的同情和声援，而她的适宜，恰是她所有成功的底色。在白宫的记者会上，宋美龄有如初次登台演出的少女一样，美国总统罗斯福一直在抽烟，总统夫人的一只手放在宋美龄的椅子上，像是在护卫着她。罗斯福像个纵容的叔叔介绍他美丽的侄女，他要求记者不要问难以回答的问题，宋美龄适宜的形象都已经使罗斯福产生了错觉，只是当宋美龄交替中文英文与记者对答如流时，美国人才想起她的亚洲第一夫人的身份。也同样是凭着适宜，在好莱坞露天大会场，英格丽·褒曼、凯瑟琳·赫本、亨利·方达、秀兰·邓波儿等大牌明星都和宋美龄寒暄，宋美龄对好莱坞电影的熟稔，不但使影星惊喜，也使影剧记者大为佩服。影星们踊跃捐巨款给中国。还是凭着适宜，宋美龄还需要替身挡驾，她的火车经过一个小镇，全镇居民在车站守候通宵，希望一睹亚洲第一夫人。火车紧急停车后，宋美龄仍在睡觉，一个女佣打扮成宋美龄的样子,穿着她的披肩,走到月台上,频频向美国人微笑,乡下人都以为她就是宋美龄,一直叫道:"就是她!就是她!"这就好像是五十年之后人们争睹戴安娜王妃的风采一样。(引自央视国际2003年10月24日节目)

上世纪40年代,上海有一部非常著名的电影《丽人行》。片名为什么要叫做"丽人"而不是"美人"?因为称一个女人为丽人,肯定是赞美,称一个女人为美人,有时候会带有贬义或者其他特别的含义;人们习惯将奥非斯小姐称作白领丽人而不是白领美人,就像人们习惯将情色女间谍称作美人计而不是丽人计一样。但是还有一层意思是,丽人就是适宜的人,丽人更加接近于生活中的上海女人;上海未必是一个出产美人的城市,上海却是一个盛产丽人的城市。

一个丽人,就是一个适宜的女人。这样的女人原本应该是小家碧玉,或者就是灰姑娘。适宜的女人更加容易受到男人的欣赏和接近,得到男人的有目的或无目的的关心,命运也就多了一些机会和悬念。如果一个男人要对某一个女人怜香惜玉,关爱备至,那么这个女人一定是丽人。在上海,曾经有过很多林婉芝,其实她和王琦瑶也很相像,遇到一个有钱还喜欢她的男人,是林婉芝和王琦瑶一代女学生的梦想。假如她遇到资本家徐义德的时候,徐义德还是一个尚未结婚的小开呢?而且假如徐义德还很有责任心,那不就是灰姑娘与白马王子的传奇爱情故事?事实上资本家的儿子与丫鬟深深相爱甚至私奔的故事,在上海也真不鲜见;延伸到当下,一个大学生丽人从总经理秘书升格为总经理夫人,更是常有,而且他们也是有可能有爱情的;以至于就会长期流传

"好男不上班，好女嫁老板"的段子。从本质上分析，女学生嫁给了资本家，与部队小护士嫁给了首长是一回事情。只不过徐义德是资本家，是一个已经有了两房太太的男人，使得林婉芝的成分发生了变化。

一个适宜的女人，可以从生理条件的适宜上升为精神条件的适宜。如此适宜的女人，她做什么事情，都是不紧不慢有条有理。她的待人接物，看不出她的清高，却感觉得出她的主意。和女人在一起的时候，她不做人家的敌人，和男人在一起的时候，她决不跟男人掰手腕，但是不经意间，她悄悄提醒了男人，偏偏还不承认自己的功劳，于是男人很是把她当作很重要的存在。适宜的女人是不刚强的，但是适宜的女人是有主张的。

如此适宜的女人，不仅让男人赏心悦目，而且她依凭着适宜，带动或者激活了男人的情趣，甚至还提升了男人的文化修养和品位。一个男人在喜欢、宠爱适宜的女人的时候，间接地也接受了适宜女人的生活方式。假如女人喜欢听音乐，男人就多了音乐细胞；假如这个女人喜欢外语，男人也就知道了什么叫做外语；假如这个女人喜欢情调，男人也就知道了十四行爱情诗。一个男人或许是工作狂、赚钱狂而生活得很乏味，只有一个他所喜欢的适宜的女人可以改变他。上海的资本家，尤其是第二代第三代资本家，因为也在学校里读过书，比较儒雅比较绅士，除了他们本身受到的环境教育和学校教育，也与他们所喜欢的女人大多是有情调有品位的女学生有关。上海男人喜欢听女人的话，倒是可以在此找到一个注解。由于外地女人没有像上海女人一样完美地接受了西方的文明和文化，也就很难在文化修养和品位上给自己的男人提升或者改变什么，所以上海女人以得天独厚优势，成为足以改变男人的适宜的女人。其他地方的男女总说上海男人怕女人，其实与其说是怕，不如说是吃，上海男人吃上海女人，吃的就是女人的嗲和女人的适宜。真就像是养了一只鸟，笼着它，是因为喜欢它怕它飞走。一方男人养一方水土，一方水土养一方女人，一方女人养一方男人。在上海，男人，水土，女人，是一条富有营养和生命力的生物链。

软实力

有一个段子,虽然段子总是很俗的,但是也不得不承认它往往是一针见血的,否则段子也不会在无偿中得到广泛的传播。这个段子表述了某些男人对待不同关系的女人的生活语言:"对老婆说:吃饭,睡觉;对美女说:吃吃饭,睡睡觉;对小蜜说:吃饭饭,睡觉觉。"肯定是先有这样的男人,再有这样的段子,再有这样段子的传播。

这样的男人当然不是好男人,但是从另一种角度去看,男人对待不同层面的女人是在使用不同层面的生活文化,那么不同地域的民风文化,不同地域的文明程度,也会确立起不同的男女关系的平衡点,这个平衡点主要是指有钱的男人是如何来定位他和一个女人之间的关系的,是从属关系,还是平行关系。

只需要一个字便可以说明。一个地域的一个有钱男人对一个女人说,明天我带你去买钻戒;另一个地域的一个有钱男人对女人说,明天我陪你去买钻戒。"带你去"的意思很明确,你是我的从属,只有我带你了你才能去。一个"带"基本上就是暴发户或者土豪劣绅对待女人的口气。"陪你去"虽然说到底就是去买单,但是很谦恭地将自己的重要性放到第二位,只是一个"陪"的角色,甚至是否有资格陪,还要得到对方的首肯。这样的男人至少是有点修养的，当然至少他要陪的对象也是值得陪的。

不妨说，这样的女人是具有软实力的。

上海白领女性加强"软实力"

针对都市女性白领的各种"软实力"、贴身服务的培训班近来逐渐在申城出现，有的培训班甚至开价高达1.6万元，号称能在7个月内打造"完美女性"，多是传授在服装色彩搭配、社交礼仪以及健康纤体等方面的技巧，这些倒也是都市女性白领在工作、交际上不可或缺的一些"软实力"。某公司刚开展这方面业务，已经有40多位女白领报名参加了1.6万元的精品课程。短期课程则因为价格比较低，受到女大学生们的欢迎，报名的人数已经超过200人。

这种专门针对女白领、女金领的培训、辅导最早源自欧美，近来也逐渐被引入上海。

（2006年1月17日《新闻晚报》）

上世纪80年代末，美国哈佛大学教授约瑟夫·奈率先提出了"软实力"的概念，原本是针对一个国家的国力而言。按照奈的观点，不再一味强调硬实力，而以软实力为"加分"因素，是21世纪的趋势之一。

对一个国家是如此，对一个地域、对一个地域的群体也是如此。

适宜就是一个女人的软实力。

适宜女人的适宜是实际上的资本，可能会给她带来适宜的婚姻、适宜的环境和适宜的居所。最适宜的居所，那就是洋房了。别墅，是真正的花园洋房。公寓也可以叫洋房，因为公寓也是外国人造的或者是外国的建筑风格的，但是真正的洋房就应该是一栋一栋的小楼，有花园，两到三个楼层。每一幢花园洋房里面，都一定有过至少一个适宜女人的故事，而这个适宜女人一定有一个浪漫与现实、适宜与沮丧的铭心刻骨的故事。住过洋房的女人很少，但是洋房女人的故事很多。

情爱本是无所不在的，弄堂有弄堂的情爱，公寓有公寓的情爱，石库门有石库门的情爱，甚至滚地龙也照样有情有爱，都是上海男女风情地带，为什么洋房里就会有别一样的爱情故事？甚至有些故事充满神秘，几十年后仍旧是一个谜。不是因为洋房高贵，不是因为洋房里的人有钱，而是因为洋房特有的结构，赋予了情爱更多的想象力和创造力。

绍兴路54号，原来上海人民出版社的办公地，也是一处考究的洋房。据说当年是有人为报恩于杜月笙的母亲，建造了这幢花园住宅，让老太太在此吃斋念佛，颐养天年。庭院里，坐落着一幢中西混合式的三层建筑，木质门窗，檐口采用西班牙风格的花纹和小券装饰，屋顶还设置了一座玻璃天棚，类似于今天的阳光屋。主入口的门廊很高，两侧各有一对壁柱支撑。进入大厅，惊叹于它的高大空旷，顿时，就会觉得情爱的序幕已经拉开，至少你是一个观众。是一个楼内的深井，四周是关闭的门，永远就是黄昏般的光亮；抬头看上去，二楼和三楼的四边是阳台式的楼道，在楼道上俯身和底楼天井抬头之间，几乎只剩下暧昧的光线。大人家的千金小姐，大人家的公子哥，大人家的姨太太，还有千金小姐的表哥，公子哥的表妹，甚至还有大人家的丫鬟，就在暧昧的光线下游走。情爱的发生概率总是和光线的强弱形成反比。或者就是一块手绢丢了下来，或者就是眉来眼去，好像要不发生都很困难，更有甚者，那就是房间与房间之间的暗度陈仓，房间与房间是相通的，只是有一道内门互相锁着而已。

这样的上只角，是等第森严的地方。能够从非上只角跨进上只角，又不是下人，那就只有是姨太太了。《上海的早晨》里有一段写林婉芝如何从一个学生成为姨太太的过程，是很真实的当时的弄堂洋学生的写真：林婉芝家里勉勉强强供给她读完了中学，就再也不可能满足她上大学的愿望了。经过朋友的介绍，她到沪江纱厂总管理处当打字员。她不安于这个工作，还希望有机会跨进大学的门。她第一天上班，徐义德就注意到她美丽的面孔和苗条的身材，亲自不断分配她的工作，有些并不是一个打字员分内应该做的工作，也叫她做了。慢慢她变成总经理的私人秘书了，经常一同进出。不到两个月的工夫，他和她发生了关系，答应供给她读大学。不久，她的愿望初步实现了，是沪江大学夜校的一年级生了。每天下了班，她就夹着书包到圆明园路去读夜校。她并不真的喜欢徐义德，也不满意给徐义德骗上了手，为了职业和学费，她不得不和徐义德维持暧昧的关系。为了将来能再上大学，她答应搬进徐公馆，成了他的第二位姨太太。

在进洋房前，弄堂洋学生还抱有曲线上学的梦想，先做姨太太，再做大学生，只是当她们做了姨太太之后，清楚了，她们是再也做不了大学生的，倒过来假如不做姨太太，她们也是做不了大学生的。真正可以做大学生的，应该是洋房里的千金小姐，或者是殷实富足家庭的女儿,她们的家庭可以提供足够的学费,并且还有足够的开明给她们读书。

最高等的便是中国第一所女子大学金陵女大了。在上世纪的20到40年代,来自上海的千金小姐们就在这所大学里,成就了中国的第一代女大学生。比如1903年出生的严莲韵老人,她的祖父是上海总商会的创始人,父亲很开明,让严莲韵和姐姐上学,两姐妹凭着自己的聪颖,顺风顺水就读到了金陵女大的化学系。当然也有坎坷求学的。曾季淑老人16岁时,包办婚姻嫁给了一个毫无感情的男人,而且还生了一女一男两个孩子;可是志向高远的曾季淑不甘心这样的生活,居然一个人跑到上海读书,然后又给金陵女大校长吴贻芳写信,请求接受她这个结过婚生过孩子的女子,学校还真破格录取了她;当她收到金陵女大录取通知书时,她也看到了她的丈夫在报纸上刊登的离婚声明。于是曾季淑带着两个孩子出没在金陵女大校园里,一边学习,一边打工,最终完成学业。

如果按照现在对大学的想象,金陵女大一定是物质条件非常优厚的,但是事实上,金陵女大是外国传教士创办的教会学校,条件非常艰苦,没有电灯,没有抽水马桶,与千金小姐的生活无法比拟。所以后来外国教师来到严莲韵在上海的家,看到花园洋房,看到佣人和汽车的时候,不禁对严莲韵适应和承受艰苦生活的能力大感惊讶。学校条件如此艰苦,而且还是漫漫四年,是什么使得严莲韵她们对金陵女大如此钟情?是西方的文明,是快乐,是自由。这些女孩子们在金陵女大学会了骑自行车,学会了游泳,学会了跳舞;骑自行车甚至就是体育系的必修课,而这也恰恰是之后上海最时髦的生活。

相比之下，倒是中学物质条件好得多。上海最著名的两所女中之一的圣玛利亚女中，奉行的是贵族教育。在20世纪初的上海，在最为浮华摩登的花花世界里，依然保留着教会学校的女子所独有的端庄和肃穆。她们可以说一口流利的英语，能写下最优美的文字，会弹钢琴，也是运动好手，懂礼貌懂礼仪；在学校外，她们又是炙热的少女。她们的生活比起没有接受过西方文明熏陶的女孩子来，要幸福得多。

有一个女孩子日后不凡的经历和天才可以证实这一点。她就是张爱玲。当年张爱玲的同班同学顾淑琪老人，怎么也没有想到这个女同学后来会成为闻名世界的女作家。从初一直到1937年高三毕业，顾淑琪与张爱玲的同学时间长达六年之久。她保存至今的圣玛利亚的校刊《凤藻》，收有数十帧毕业班同学两寸见方的个人照。顾淑琪是有心人，请每位同学在她们各自的肖像旁写一句留言，作为纪念。在各种各样的中英文字句中，张爱玲用钢笔写了一段与众不同的话："替我告诉虞山，只有它，静肃、壮美的它，配做你的伴侣；也只有你，天真泼剌的你，配做它的乡亲。爱玲。"因为顾淑琪是常熟虞山人，也因为毕业前全班同学去常熟玩了三天，所以张爱玲以虞山作为同学友情的寄托。张爱玲不仅喜欢文学，而且还喜欢给同学画肖像然后赠同学，在张爱玲的画中，三十几个女同学各有各的姿态，各有各的未来，而她把自己画成了在看水晶球的预言者。

到了高三，学校也要分班的，想上大学的进大学预备班；准备工作的念商科，专门训练英文速写、英文打字；准备结婚的读家政课，学一点做太太的技能。

不管是艰苦的大学还是贵族的中学，不仅都造就了一代女学生，而且还造就了一代女孩子对文明的追求和对时髦的创造力、想象力。应该这么讲，她们是最懂生活的上海女人，而且还给她们的后代示范了什么叫做懂得生活；她们也创造了生活，创造了上海，乃至半个多世纪前她们的时髦生活至今还会被当作经典的交响乐、歌剧反复传唱和称颂，乃至当年她们最异类的生活行为，成了几十年后所有女人的日常生活。

淮海路上有一店家，无论是它的历史还是店名还是卖的东西，对于淮海路尚且已经特别，对于上海对于全国，当然是又特又别了。看过一份六十年以前的淮海路店名地图——那时候的淮海路叫做林森路，也只有那么一两家还在原来的地方，还在延续着六十年前的生意，连店名都原封不动，那就是古今胸罩店了。尤其在联想到很长一段时间里，作为一家专销的店，古今在上海乃至全国独此一家，用得上《便衣警察》里面的那首歌来形容："几度风雨几度春秋，风霜雪雨搏激流。"

七十年前，古今就在国泰电影院的对面开张了。在戴胸罩之前，中国女人要么是肚兜要么是束胸，直至二三十年代，上海女人第一次从好莱坞电影里面看到了胸罩，面对着一种很能修饰体形、展现风姿的西方时尚，上海小姐跃跃欲试。于是当法国舶来品胸罩运到上海后，首先就在有身份且有前卫意识的女人中慢慢流行。而真正让上海女人开始接受胸罩，就是从古今开始。古今在满足外国人自身需求的同时，也成就了上海女人追求优美体形的心愿。古今的店名还是当年俄国小老板起的。至今无从知道为什么要叫古今而不是叫娜塔莎之类。其实中国古代女性的内衣是围兜，这在许多古装片里都看得到，但是古今不卖围兜的；这一个"古"字不知其所，却一直延续下来，倒也是找不到比"古今"更合适的名字。在十年动乱时候，淮海路所有商店都改成了响彻云霄的名字，连淮海路也叫做反修大道，唯独古今，除了彻底关闭，古今一直是古今。为此好奇了好几年，后来终于领悟，没有改名是因为无法改名，鞋帽店可以叫做工农兵鞋帽店，布店可以叫做亚非拉布店，食品店可以叫做红旗食品店，假如古今也这么叫，竟觉得更加滑稽兮兮。若不信，可以在心里读读看，不管是工农兵胸罩店还是人民胸罩店，都更加不妥，还只能叫古今。

到了1946年，胸罩的广告已经非常夺目，一个美女双手交叠在后脑，长发披肩，胸罩赫然醒目，广告上有两行小字："精工裁制，美观大方，如不满意，随时可换。"这样出水芙蓉般的广告，对太太和小姐当然是有诱惑力。如果说当年胸罩的理念和现在有什么不同，那就是，当年胸罩的名称叫做"奶罩"，那份广告上赫然印着"发艺奶罩公司"。至于古今，叫古今胸罩店，如今更加文雅，叫做古今内衣商店。有了胸罩之后，新潮的上海女人又穿起了胸罩式的泳装，30年代末当过记者的运动员杨秀琼就穿了泳装参加了远东运动会。

展现在她们面前的就是花的世界，或者反过来表述，她们展现给社会的就是花，女人花。在回顾这一段上海时尚史的时候，在城市、女人、读书、西方文化、富足之间，能够寻找出若干对互为因果、互相促进的发展关系。只有读了书的女人才会有看好莱坞电影的时髦，只有看过好莱坞电影的女人才知道胸罩的意义，只有胸罩的意义被很多人理解之后，才会有古今，只有有了古今之后，上海女人才能成为中国最早享受胸罩的女人。戴胸罩而不穿肚兜，实际上提升了上海女人的综合素质。这也就是为什么当年金陵女大和圣玛利亚的女学生，过了耄耋之年，依然看上去还那么适宜，一看就知道年轻时是一个大家闺秀，一看就知道是有身份的家庭，其实可能她们现在并没有什么身份，要说身份也就是半个多世纪前已经流淌进她们血液里的文明、修养、情操和人文。她们的着装打扮纹丝不乱，不事奢华，却是祥和宁静，说话的语气语调，没有任何权势、华贵或者软弱。在她们的家里，花是一年四季有的，有盆栽的，有水养的，不一定名贵，但是肯定不是什么都喜欢，倒是和主人的爱好默契，这是她们一生的偏爱了；哪怕就是在"文革"时候，人的尊严都已经被剥夺，但是她们会将黄芽菜的菜心养在小盆子里，也可以过一冬，还会开花。难怪女作家石磊遇到欧守机老人后说，跟她坐在同一张桌子上吃饭，老太太温存，我们粗犷，老太太慢悠悠，我们急吼吼，老太太细嚼慢咽，我们狼吞虎咽，老太太享受，我们不懂。

  一个女人的美丽就是十年八年，一个女人的适宜却是一生一世。世界文明在上海的最伟大的发酵之一，就是培养了和世界文明同步的上海女人，女科学家、女作家、女政治家、女记者、女音乐家、太太、秘书……

  其实后来被许多人最早熟悉的上海读过书的女人，应该是当时的女记者。在许多部革命题材的电影中，都有女记者的角色；只不过都是作为反面小角色出场，长波浪，文眉，浓妆艳抹，说话嗲声嗲气；镜头很快掠过，但是就是这么几秒钟，已经被人深深记住。当然还有姨太太们，甚至女特务们，年轻、美貌、光鲜的打扮，那是观众最喜欢看的。撇开故意的丑化，在她们身上正是透露出当年女人的时髦和风采，她们都是读过书的上海女人。据说当年专门为女明星设计发型的沪江美发厅，解放后在大陆最早设计出来长波浪发型，实际上就是为了电影中的反面女角色设计的，后来实际上又是被时髦女郎享用的。

有许多弄堂洋学生念的不是圣玛利亚女中，但是也是读到了高中，因为念不起大学，在高三分班的时候，去学了商科，学英文速写，学英文打字，想的是找一个秘书工作，而且还真找到了工作。只不过后来发生的许多事情，既是她们梦想过的，也是她们不完全愿意的，更不是她们可以左右的。但是无论如何，弄堂洋学生这样的适宜女人，在洋房这样一个适宜的地方，过上了适宜的生活。像林婉芝，做了三姨太，她的人生的梦想中断了，但是她的适宜得到了淋漓尽致的发挥。花园洋房和富足的物质生活，使得她作为女人的审美创造力，得到了完美的体现。可以想象，花同样的铜钿，三姨太买来的衣裳就是要比大房二房好得多，同样一件衣裳，三姨太穿在身上也就是要比大房二房适宜得多。即使是在各自的卧房里，也还是很不一样，大房脱不了俗，二房免不了奢，三姨太会叫下人插一束花，而且她还一定要把花的造型重新拗一拗。空下来的时候，三姨太还要看小说，还要看电影。可以说是兴趣，也可以说是自我修炼。反正姨太太也是在努力地使生活适宜，使自己适宜，而且她们也做到了。所以在德大西菜社用餐，有人远远走过，就觉得有个很适宜的女人端坐着，忍不住用余光打量一下。

家庭妇女

真有这么一位做过姨太太的老太太。

孙女要请老太太去时尚的地方吃饭,因为凡是到旧的地方,所有话题一定也是旧的。孙女将老太太带到了淮海路连卡佛,电梯不是向上,而是向下,在地下室有一家葡京茶餐厅,生意极好。入座后,孙女说:"阿娘,侬晓得格的(这里)是啥人开的?"老太太对时新的事情当然不知晓了。孙女说:"伊拉(他们)讲是澳门赌王的四姨太开的,不晓得是真是假。""啥人?""澳门赌王的四姨太,就因为是伊开的,人家一听说就来了。"老太太听清楚了,却是轻轻叹声气,摇了摇头。她当然想到了五六十年前自己就是姨太太,想到了解放初期"小老婆"不要说不可能有这样的机会,即便是有机会,她们都不敢如此作为的。这一顿饭老太太吃得很少,话更少,孙女反应过来了,想把话题扯开去:"讲不定也是伊拉做生意摆噱头的,哪能会是呢?"老太太倒也没什么不开心,都已经是八旬老人了,况且自己的日子也蛮好,只是生命中的这么一段刻骨铭心的生活,想起来的时候,宛如在眼前,宛如就是18岁了。

老太太知道眼前的孙女马上就要结婚了,结了婚就做全职太太了。真是风水轮流转,五十年前,家庭妇女要做劳动妇女,五十年后劳动妇女要辞职做家庭妇女。对于老太太来说，全职太太和家庭妇女实在也没有什么两样，反正可以过好日子就可以了。但是老太太在心底最最不愿意承认的，是她曾经的姨太太身份和如今小蜜之间的契合。她觉得自己年轻时候是有理想的，是有爱情的，并不是那么简简单单地看上了资本家的钱，贪图享受。但是舆论不管，偏偏就喜欢将姨太太和小蜜画等号。

老太太也让人想起了周璇，想起了沪剧《璇子》中的一段唱"金丝鸟在哪里"。六十多年之前某一个阳光明媚的春天，金嗓子周璇把自己比作笼中的金丝鸟，生活优越，却再也无法自由飞翔。周璇无论如何没有想到的是，自己对金丝鸟的怜爱，不经意地造就了金丝鸟在几十年后的冤假错案。如今哪个女人愿意公开自比金丝鸟？即使就是那些名副其实的金丝鸟，在众人之前也必定是对金丝鸟躲犹不及。至于男人，尤其是有身价有名望的男人，可以怡情名花名鸟，却断不能养金丝鸟，省得金丝鸟没养好，却弄了一身坏名。金丝鸟在约定俗成之中，已经成为被包养女人的代名词。金丝鸟就这样蒙受了不白之冤，虽然凡被人豢养之鸟，即使是秃鹫，也是笼中春秋，但是坏名声就由金丝鸟担待了。假如金丝鸟像人一样具备法律意识，说不定它就要和人打一场名誉权的官司。当然金丝鸟是不会在意人对它的态度的，是人在在意自己对金丝鸟的态度。虽然金丝鸟这个名字，也是人给它起的，而且这个名字本身就是一种褒义的美称，但是如今褒义转化为贬义，美称转化为丑名。

就像"家庭妇女"这么一种身份。在妇女普遍性地参加工作之前，家庭妇女就是出了嫁的女人的本分，哪怕钞票不多，女人是不做生活的。只有女人不做生活了，才可以有一双十指尖尖像春笋的手，纤纤玉手就是不做生活的手。劳动的女人，因为做的都是低层次体力活，一手老茧，被人家瞧不起，比如做娘姨，摆小摊，倒马桶。但是当"劳动妇女"成为社会风尚之后，"家庭妇女"是一个仅次于出身不好的代名词，"十指尖尖像春笋"成为伸出去都难为情的手，因为这证明了一个女人好逸恶劳。

更何况还是小老婆。原先"姨太太"已经是一个名不正言不顺的称号，"小老婆"就更加代表了丑恶社会的丑恶现象。

讨小老婆

旧时，有钱男子可娶妾，俗称"讨小老婆"。有的小老婆是姨妹。男子往往亲小疏大，造成家庭间的矛盾。有财有势的人甚至有几个小老婆。解放后，婚姻法明令禁止。但旧社会遗留下来的一夫多妻的家庭，只要和睦相处，女方不提出离婚，则可保持。

（《上海地方志》）

姨太太既是家庭妇女，也是小老婆。有很长一段时间，姨太太是需要夹了尾巴做人的。在家里，虽然和睦相处，但是她的地位就是小的，在社会上，她的政治身份还不如原配的，因为她是贪图享受的典型，而享受的日子又是日行渐远，至少已经不再是堂而皇之地汽车进出上馆子了。尤其风声越来越紧的是，家庭妇女要走出家庭做一个劳动妇女。

在上海的那些妻妾成群的家里，倒是展现了另一番的上海女人内功。解放前她们钩心斗角、争风吃醋是肯定的，就像林婉芝和大房二房之间的暗算。解放了，她们不闹了，不闹的原因在于，男人在社会上已经没有什么话语权了，先要给他有好日子过，先要让他开心，然后才有妻妾的和谐。所以一般男人总是会和其中的一个老婆过日子，和小老婆一起过的更多些，也对大老婆尽责。有些鸡鸡狗狗的纠纷，却很少大吵大闹，给男人面子，也是给自己留后路。绝少和男人决裂的，因为决裂后不管走到社会的哪个角落，仍旧还是小老婆，不要想象哪一个工人会讨一个做过资本家小老婆的女人做老婆的。所以大家还是和平共处吧。

相对于家庭内部，社会才是她们更难适应的。做一个劳动妇女，主要的不是要给姨太太们一份工资，而是要求她们做没人要做的事情，工人已经轮不到她们做了，纺织工人在解放初期是最伟大的人，当然由不得资本家的小老婆来做。家庭妇女可以做的生活，基本上就是服务性行业和里弄生产组里结绒线、踏缝纫机了。曾经有一部电影《女理发师》，拍的就是一个资本家的老婆走上社会做女理发师的故事，当年王丹凤演的倒是很像一个资本家的太太；在生活中，资本家的老婆或者小老婆是不可能去给人家剃头的，这种服务性行业是在她们所能承受的心理底线之下的；《女理发师》就是刻意要用一个被资产阶级看不起的行当来规定资产阶级的太太姨太太去做，去成为劳动妇女，去让她们长灰指甲。即使这样，"文革"时候这部电影也还是遭受批判，因为它暴露了社会主义的阴暗面，丑化劳动人民，歌颂资本家太太，充满低级趣味。

姨太太们更多的是去了里弄生产组。社会毕竟给了她们新鲜的空气和全新的天地。很快，她们就在缝纫上和编织上，创造了上海女人的生活新天地；里弄生产组就变成了她们切磋绒线衫和两用衫式样的俱乐部。稳定了生活，她们再一次成为上海时髦生活的主流群体。像雁荡路中原理发店门口的擦皮鞋摊，一年四季都摆在那里，擦来擦去的，都是面熟陌生的老客人，在中原做好头发出来，就顺便皮鞋擦一擦。擦皮鞋这种事情，当然不会是自己做的，弄得手里一天世界的皮鞋油。90年代这个皮鞋摊消失前，成了经典的怀旧题材。直至它消失都上了报纸的新闻版面，2000年1月7日，上海《生活周刊》就刊登过一条有关雁荡路擦皮鞋摊摊主去世的消息。熟知上海滩擦皮鞋掌故的长者告诉记者，从解放前擦皮鞋一直擦到现在的，就只有雁荡路中原理发店门口的三毛和太平桥的独腿老王了。"三毛死了，1999年10月4日死的。"老王说得有点伤感。这个皮鞋摊成了上海女人的一个背景。

至于饭店、戏院、咖啡馆、美发厅、照相馆，依旧是姨太太生活内容的一部分。姨太太这样的上海女人生活方式，就像是小盆子里水养的那个黄芽菜的菜心，离开泥土这么久了，照样还有顽强的生命力，还会暴出嫩芽，照样也会开花。

对于上海女人来说，惬意的事情太多，享乐的事情太多，而所有的惬意和享乐都像硬币一样，有这一面，还有另一面。姨太太确实与小蜜完全不一样，但是事实上，是有一脉相承的地方。上海有多少男人在冒险，就有多少女人在为了男人冒险，而且还都是漂亮女人。当漂亮女人在上海层出不穷的时候，漂亮女人的故事也层出不穷。

1996年，在上海当时著名的外销楼盘古北新区的罗马花园，发生了一起命案。被害者是上海某航空公司的空姐匡明，而发生凶案时匡明的丈夫黄先生正在台湾。匡明可是有来历的空姐，1991年在上海师范大学毕业时，正逢航空公司招聘，匡明在几千个报名者中脱颖而出，成为最后九分之一的幸运儿，也是第一批大学生空姐。据当年的考官回忆，招收匡明，并不是她长得出众，关键是她有一种特殊的气质——她是很"适宜"的。她的丈夫黄先生60开外，是个台商，原配妻子已经去世，想在大陆找一位太太。在坐了几次匡明的航班之后，他们认识了。匡明觉得黄先生年岁虽大，但是仍旧保留着青春不败的风度，生意也做得红红火火，值得交往。她在公司人事部门正式开了一份结婚证明后辞职了——当时结婚是需要单位开具证明的，证明上会写清楚是谁和谁结婚，当然匡明结婚的对象就是台湾商人黄先生。直至被害，匡明和黄先生相识已经有了大约两年，他们就住在罗马花园。黄先生在上海时，两个人同进同出，很亲密。在商店、理发店或在邻居面前，黄先生总是"我太太""我太太"的，在众人面前夸匡明。匡明应该就是上海重新开放后第一代的全职太太。黄先生在上海住的时间很长，不在上海的时候，每天会有好几次电话，不是黄先生打来，就是匡明打过去。但是当凶杀案发生后警方与黄先生联系时，黄先生却纠正说，他和匡明没有婚姻关系，匡明是受他委托帮他看管房子的朋友而已。谁都不知道匡明和黄先生竟然不是夫妻关系，更不知道为什么不是夫妻关系。

一般舆论很容易想到匡明就是"金丝鸟"，具有特定意义的金丝鸟的称呼就产生在这个时候，而且在上海西区的高档住宅区，确实有一群被台巴子（对台湾此类人的贬称）包养的金丝鸟。但是匡明显然不完全相同,她不是一个缺钱花的人,90年代空姐工资很高,而像匡明这样飞国际航班的空姐,钱更多,也见过世面,按理说也不可能为黄先生的富有而动心。更何况,匡明和黄先生以夫妻的名义生活,如没有夫妻关系,匡明为什么会接受?

至于凶手也并非简单的谋财,而是认识匡明的严华,一个曾经在罗马花园当过物业管理员的上海青年。他认识匡明两个月了。据严华被捕后自己交代,他进了匡明房间后,匡明对他说:"我们断了吧,我想过了我们是不可能在一起的,这样吧,你提个数,我可以给你一定的经济补偿。""补偿,你说得倒是轻松,想把我甩了?"24岁的严华长得一表人才,十分善于伪装自己,言谈举止十分斯文,家境也不错;在他的情史里,交往过的女朋友不计其数,还没有过被女孩子甩掉的记录。猛然地,严华就将匡明按倒在浴缸里,捆住她的手脚,最后活活掐死了匡明……当然这一个凶杀过程,只有严华的供述,而再也不可能有匡明的证实。

一个漂亮女人,辞去了千里挑一的最美丽的空姐工作(据说匡明在辞职后曾经很后悔);在单位里开具了结婚证明最后却没有领过受法律保护的结婚证书,与黄先生夫妻相称死后却被黄先生当作看房子的人,最后还屈死在一个物业管理员的手里。这一朵女人花开放得太鲜艳,却也衰败得太凄惨。一个很适宜的女人,在她辞职后生命的最后一段时间,内心一定是很不适宜的。这个"不适宜",就是不开心的意思了。

就这样一个女人,硬实力超群,软实力非凡,否则也不会被黄先生看中。她为什么会是以悲剧结束自己一生?在一个文明的城市里,对于一个硬实力软实力都骄傲的女人来说,成也软实力,败也软实力。成自不必说了，败在软实力，是败在她的软实力本身具有的软肋。如果一个男人财大气粗地对她说，明天我"带"你去，那么女人是看不起他的，因为这个男人很粗俗却没有欺骗性。如果一个男人对她温文尔雅地说，明天我"陪"你去，那么女人就觉得对方是一个绅士；这个男人有可能是绅士，也有可能只是套了一件绅士的西装，远比粗俗的男人难辨析。匡明遇到的黄先生，一定不是粗俗的男人，一定也很绅士风度，至于是绅士还是套了件绅士的西装，可以断定，匡明至死都不清楚的。

　　匡明只是一个被推向极端的女人，而在不极端的时候，更多的上海女人，也是成也软实力，败也软实力。

/ 第三章

女人家：石库门盛开栀子花

/ 风情发生地
亭子间，华亭宾馆，电影局，小便池
/ 人影
凌杉杉，洪晃，孙道临
/ 语录
良心，五大员，小白脸，夫妻生活
/ 课题
上海女人为什么喜欢栀子花？

近邻结婚，这就是命

上海女人的素养是高还是低？上海女人的心胸是宽还是窄？如果放在全国范围讨论，讨论的结果一定是一条泾河，一条渭河，泾渭分明。如果放在上海讨论，按照地域的观念，总是应该高度的一致：上海女人是素养最高的女人，是心胸最宽的女人，至少是素养不差的，心胸不窄的。但是事实上，上海人经常不帮上海人，胳膊朝外拐，以至于把上海女人不高的素养和不宽的心胸暴露在世人面前。

1995年，电视剧《孽债》创下了收视率的新高，而同时，一场关于上海女人形象的大讨论也铺天盖地而来，有专题会的讨论，有报纸专版的笔战，有电视话题的专访。《孽债》的作者叶辛是上海人，总导演黄蜀芹、导演梁山是上海人，批评《孽债》的也是上海人。

新时期，新上海，新女性，怎么到了《孽债》里面，一点都看不出来？里面所有的上海女人没一个好的。有位妇女干部批评说："《孽债》没有将我们这一代女性的主流面反映出来，而是过分地渲染了一些消极的、阴暗的女性形象。这里面塑造的几位母亲，不是虚荣心强，就是先己后人，或者追求个人享乐、乱搞男女关系。"还有一位社会学家批评说："《孽债》里的几位母亲，在生活中也许可以找到她们的原型，但是上海的女性是有层次的。国际大都市里的女性，应该如同这座城市一样，是开放的，是一座包容的城市，现在电视剧中五个家庭，完全可以反映出不同的面孔，不同的处理方法，为什么一定要在良心受到了谴责后，才有所表示？而现在的结局造成个人、家庭、社会都难以接受这些孩子，《孽债》让我们女性感到心中有一块铅堵着，将上海的女性丑化了。即使里面最贤妻良母的凌杉杉，也是小肚鸡肠，小市民习气十足。"

当然也有强烈的反批评，基本上是来自社会底层的声音：上海确实是国际大都市，但是上海女人未必就属于国际大都市，每天倒马桶不属于国际大都市的日常生活，每天和七十二家房客合用灶披间、卫生间不属于国际大都市的风格，人均住房2平方米不属于国际大都市的标准。

批评和反批评已经远远脱离了电视剧本身，延伸到上海这座城市的大背景和小环境，对造就上海女人的素养和心胸应该承担的义务，以及上海女人对这座城市应该承担的责任，也就是上海和女人的互为因果关系。这部电视剧在首播十年之后再次重播，仍旧获得不低的收视率，而所有人都会有这么一个印象，这部电视剧的最大价值，就是以一种宽泛的真实展览了十年前上海民风、民俗、民权、民生。

比起《上海的早晨》三姨太林婉芝来，比起《长恨歌》的王琦瑶来，凌杉杉这样的上海女人丝毫没有"上海女人"的基质，与张爱玲笔下的上海女人相去甚远，尤其是与当下被媒体舆论所定义、同时所喜欢的"上海女人"，好像完全不像了。仿佛，凌杉杉这样的女人就不是上海女人。而事实上，凌杉杉这样的女人，不仅是土生土长的上海女人，而且还是从小到大就在石库门里过日子的女人，姑且就称她们是石库门女人。上海一共有多少石库门女人？至今都统计不出确切的人数来。

她们是上海女人，而且很可能是上海女人中最大的群体，但是常常不被人家当作上海女人的主体，甚至就被忽略不计。得出如此的结论，应该是有两方面的原因。一方面，"上海女人"作为一个招牌，被"张爱玲"化了，似乎上海女人就应该是像张爱玲笔下的上海女人，就应该是拖曳着旗袍，修长的手指间夹着茄力克香烟，下午打四圈麻将，夜里在舞厅里体会着情感的暧昧。这样的上海女人当然真实，但只是一部分上海女人，除此之外，还有更多更多。还有一个原因，假如以为石库门女人不像上海女人，那么这一个以为者，很有可能，就不是一个上海人，至少在上海生活得不长久，也至少是阅历浅浅。

石库门女人是不折不扣的上海女人，而且就是最泛化的上海女人。我们已经认定石库门是最能代表上海市井文化的民宅，那么住在石库门里的女人，恰好就是上海市井文化的女形象大使，尤其是那些生在石库门、爱在石库门、嫁在石库门的女人。她们没有经历过坎坷，于是也失去了传奇的可能。很多时候，上海的市井文化，从石库门放射到洋房，放射到公寓，放射到西化的租界马路，同时，洋房、公寓和西化的租界马路的文化，也强烈地渗透到石库门的弄堂、客堂间、厢房、亭子间。在这里的女人身上，既有石库门的叽叽喳喳，也有洋房女人的温婉可人；上海女人标志性的"嗲""作"之类，绝非是洋房女人和公寓女人的专利,只不过是表现出来的风格和流派不同而已。当然石库门女人更加偏重的色彩是市井文化。

一个石库门女人,只要她还未曾动迁,那么她很有可能还住在石库门的弄堂里,而且不会离婚,而且也没有买商品房,好在女儿渐渐长大,早晚是要嫁出去的,这么一间石库门亭子间,倒也很是实惠。贤妻良母、弱势、勤俭节约、任劳任怨、谨小慎微、社会的底层,有向上的愿望而无奈……"侬哪能放心得下啊?"凌杉杉的一生就是在她这么一句常用语中蹉跎。有点像是末梢神经,也是反应,也是敏感,也是运动,但是连自己都觉得微不足道。石库门女人年轻恋爱的时候,曾经在心里将嫁到石库门外面去作为婚姻的理想,那就不要晚上小便小在床边的痰盂里了,那就不要早上倒马桶了,那就不要生煤球炉了,但是后来还是在石库门里完婚。很多石库门女孩子最后都嫁给了邻居。石库门的"近亲结婚"特别多,石库门里男女恋爱结婚特别容易。因为居住条件拥挤,人与人之间空间很小,《七十二家房客》不仅是一个滑稽戏,也恰恰是几十年间石库门的居住现实,要想老死不相往来都不行;而且按照石库门的市井文化,互相的照应和互相的往来又长盛不衰;尤其是,谁也用不着骗谁,谁也瞒不了谁,谁家脱底棺材,谁家有些家底,谁家为人忠厚,谁家刁钻促狭,谁家豪爽,谁家古怪,家家人家都心知肚明。所以"近邻结婚"就像一张无形的网,想摆脱都摆脱不了。更有意思的是,作为石库门"近邻结婚"的后续效应,那就是邻居与邻居再与邻居的联姻,这三五家人家居然有千丝万缕的姻亲关系,那三五家人家是又一层的姻亲。姻亲是一个团队,一家有事五家帮忙,开后门特别方便;姻亲也是军队,谁受到了欺负都会有强大的后援军团,石库门的打架都是群架。

虽然,摆脱一直是石库门女孩子的青春梦想,要找一个有煤气的、有抽水马桶的、有独用卫生间的男朋友,谈了一个又一个,但是没有一个谈得下去的,婚姻之路走来走去,就是走不出自己的天地。

找一个好丈夫,有一个好家庭

女性一生中最重要的是什么?在上海市妇联组织的一项最新调查中,居然有29.3%的女性回答:"找一个好丈夫,有一个好家庭。"调查显示,如今正有越来越多的年轻女性,把认识一个好男人、定一个好终身,作为自己谋求发展、获得高质量生活环境的捷径。据了解,在某些女学生相对集中的高校,居然开始风行女学生课余就到各种场合结交各类异性朋友,然后相互介绍给室友,以扩大所谓的"交际圈"。

(2000年12月6日《文汇报》)

几十年来,上海择偶标准一步一个脚印一步一个台阶,三十年前的择偶标准与当下的择偶标准似乎已经大相径庭,但是细细分析会发现,三十年来的择偶标准有一条隐隐约约的线脉相连,这一条线脉,就是市井文化,而且可以说,有着强烈的石库门影子。

"身份是党员,身体像运动员,卖相像演员,工资像海员,头子像驾驶员。"也有不同的版本,比如"工作像营业员",它取代的是"卖相像演员"或者"头子像驾驶员"。这个顺口溜产生在上世纪还没有进入改革开放的70年代中期，大批的老三届进入了谈婚论嫁的年龄，女孩子们，尤其是弄堂里的女孩子们，开始给自己的婚姻定位。这个顺口溜在当时是作为先进青年思想道德的对立面需要口诛笔伐的，但是在三十年后的今天，可以在"五大员"中，发现上海弄堂女孩子的择偶标准是实惠的，可操作性，不好高骛远，定位准确的。它很物质化，却又不是唯"物"主义者。它体现的是上海女人做一个小女人、做一个好女人、做一个乖女人、做一个巧女人的道德潜准则。"身份是党员"，并不是当年上海小女人政治觉悟高，而是社会有一个基本印象，"党员"应该是个好人，有上进心，可能有一点点小职位，最重要的是加工资的时候，"党员"是有优势的。"运动员"和"演员"，看似有点荒唐，但是如果从上海小女人精神追求的层面去分析，会值得推崇——上海女人对男人的外形素来是有要求的，即使在"文革"中"性别美"被彻底扼杀的时候，上海的女孩子仍旧以委婉的方式表达自己对心目中男人的理想。"工资像海员"，还最好是国际海员，因为海员有津贴，虽然也知道嫁给一个海员，就将常年分居，被称为守活寡，但是上海女人这一份要钞票的精神坚韧性是不可动摇的。"头子像驾驶员"，那是觉得丈夫应该路路通，丈夫头子活络，是一个家庭的活力，也是一个家庭的核心竞争力。至于"工作像营业员"，是再也明白不过地表明，上海女人在物资紧缺年代对物质的热衷。

不管是哪一个版本的"五大员"，都具有上海女人择偶标准的精神内核：妻为小，夫为大，男人是一个家庭的脊椎，女人就应该嫁给一个托得住的男人。女人一生中最重要的是什么？虽然主流舆论会对"29.3%的女性把'找一个好丈夫，有一个好家庭'当作自己的人生目标"颇有微词，但是对于精英之外的更广大上海女人来说，这就是很实际的幸福捷径。有位女大学生接受调查时直截了当地说："找男人等于是人生的'第二次投胎'，否则要靠自己苦苦奋斗多年才能改变生活条件，多累。"一名23岁的女大学毕业生在解释自己为何选择当空姐的理由时更是直白："可以认识更多有钱人。"

上海一直充满了悖论，最智性的女人，在最先进的城市里，却又最不愿意与时俱进。

这样的女人也绝不是好逸恶劳的女人，她指望男人有上进心，有高一点的收入，而自己却是自愿扮演一个相夫教子、贤妻良母的角色；即使丈夫不在身边，一个人带孩子也没有怨言。上海贤妻良母的大本营就应该是在石库门里。2002年国家统计局属下北京美兰德信息公司做了一份调查报告："就婚姻、家庭、事业等领域的时髦话题，对北京、上海、广州、成都这四个中国消费先导城市做了访问。受访对象是15—59岁的女性。结果是，上海女人最保守；对'家庭的本来形态是男主外女主内'赞成度最高的是上海女人。她们当中赞成未婚同居最少，独身主义赞同率最低，'周末夫妻'比北京少，更想放弃工作回家。65%的上海女人希望依赖丈夫，在择偶时又以地位、收入、家庭条件为重要依据"（引自袁吴迪《中国最坚贞的女人在上海》，2002年10月30日《南方周末》）。2004年，在上海这么一个最开化的、文明程度最高、女性平均学历最高的城市里，女人的大多数，作出了一个与妇女组织的意愿相违背的精神决定：在上海市妇联进行的一次"千人调查"中，65%女性认同"干得好，不如嫁得好"。有人说这是一部分妇女"不思进取"的思想在抬头。其实又何尝不是上海女人的"小女人意识"在复苏？当凌杉杉一直在唠叨"侬哪能放心得下啊"时，她的潜台词就是要做一个"放心得下的女人"。而这个心是否放得下，就取决于老公。有个女士曾经将夫妻关系比喻为升旗时候的两个升旗手，一个拉绳，一个送绳，旗才升得上去。那个女士说，她自己就是一个送绳的升旗手，拉绳的当然是她的老公。

不妨再罗列一串上海女人的择偶顺口溜——

1980年版本：一套家具，二老归西，三转一响（自行车、缝纫机、手表和音响），四季笔挺，五官端正，六亲不认，七十元钱（工资），八面玲珑，九（酒）烟不进，十全十美。

2000年版本：一张文凭，二国语言（英语精通），三房一厅，四季名牌，五官端正，六六（落落）大方，七千月薪，八面玲珑，酒烟不沾，十分老实。

旧海陆空坚决不要，新海陆空抢了就跑。（旧海陆空指的是浴室、扫街、理发三个服务性行业，新海陆空说的是海外关系、落实政策和家有空房。）

好男不上班，好女嫁老板，戆男戆女倒三班。

你买房了吗？你买房贷款了吗？你的房贷还剩多少？

当然还有"高价姑娘"。

多少有点低俗，却也是真实的生活企盼。而事实上，这种多少低俗的婚姻企盼，到头来还是七折八扣地回到了实在的生活里，嫁鸡随鸡嫁狗随狗,虽然企盼楼上楼,但是也甘愿楼下搬砖头。绝大多数的石库门女孩子,按照石库门"近邻结婚"的传统,升格为石库门媳妇。要说命,这就是命了。

自然有嫁得很好的,在一大片石库门世界里口口相传,成为许多女孩子一时间咬牙切齿的心头之痒。作为石库门特色的屋顶老虎窗,抬头眺望到的是天空,多少女人把自己的梦从这个窗口寄出去,回音在哪里?

小白脸是上海女人的软肋

1990年的夏天，或许是石库门女人有史以来最痛苦的一个夏天，飞出去的愿望从来没有如此强烈过，但是飞出去的可能也从来没有如此渺茫过。它的社会大背景也就是处于上海90年代一年一个样三年大变样之前的阵痛期。

有两个女孩子，一个20岁，一个27岁，她们完全不相识，但是她们以几乎完全相同的方式，各自做了一件有关浪漫、有关生命的事情，令所有上海人，尤其是上海女人对她们扼腕唏嘘。如果说她们有什么殊途同归，那么她们都出生在石库门。

27岁的幼儿园出纳林懿贪污17万元，那可是幼儿园的伙食费啊；20岁的张亚莉也在自己的单位里贪污公款10万元。假如两个人有前科，或者贪图享受挥霍公款，倒也算了，偏偏这两个人一直品行端正。她们被判处死刑时，大众舆论向她们投去了同情的一票：钱是她们贪污的，但是她们是将钱"借"给了各自的"男朋友"去做投资。贪污了10万元的张亚莉后来被改判死缓，贪污了17万元的林懿最后没有逃脱死刑。

两个人遭遇到几乎就是同样一个版本的男人，所以我们只需要知悉其中一个人的传奇故事就够了。午夜时分，张亚莉和女友从华亭宾馆出来，身后传来了一声英语招呼，回头望去，不远处站着三个男青年,而这三个男青年此时正用日语在交谈——1990年会一口日语是不得了的事情。见她们停了下来,男青年就请她们一起去酒吧。在酒吧里,张亚莉见这几个人都很斯文,长得也很帅,直到快天亮了,他们才离座。张亚莉后来说,她犯了人生第一次的大错,把自己单位的电话号码给了离她最近、最英俊的他。这还不算,她还告诉他,自己是单位里的出纳。

几天之后,张亚莉果真接到了他的电话。他说要请她吃饭。他隔着餐桌递给她一张名片,名片上印着"日本投资公司中国部主任"。他告诉张亚莉,他父亲是烈士,母亲是党员知识分子,哥哥在上海警备区,而他自己大学毕业后分配在党校搞哲学研究,后来去了日本,现在又回国发展了。夜宵临近结束时,他突然拍了一下前额,说是忘记到银行里去取钱了,十分尴尬的样子。张亚莉毫不犹豫地掏出钱包,把这顿饭钱交给了站在一旁的结账小姐。此后,他们之间的关系也迅速升温了。终于有一天,他对张亚莉说,因为一笔生意要付定金,他身边资金不足,周转不过来,想请她想想办法,先借2000元钱垫上,到月底再还给她。回到家,张亚莉也有点犯愁了,自己并没有多少积蓄——1990年,2000元是笔大数字。突然想到,自己每天经手外地客户的汇票,反正月底要还的,先从这些汇票中扣下这笔钱吧。

最拙劣的骗局骗取了最绝对的忠诚,他在骗她,他是实在地骗取她的钱,她也在骗他,她是虚拟骗取他对她的信任和尊重;甚至张亚莉已经恐惧时还不愿意戳破谎言,因为戳破了对方的谎言,无疑就是戳破了自己的心脏,戳破了自己的未来。一直贪污累计到了10万元之巨,一直到了两人逃亡时被抓住,张亚莉才知道，所谓的"日本投资公司中国部主任"，只不过是一个图书管理员。张亚莉最后被免予死罪，至今还在监狱服刑，而林懿的生命就此结束了。

这并不是石库门的错，但是假如她们所看得见的世界，不是仅仅像老虎窗这般大，假如她们的生活条件不是像亭子间这般逼仄窘迫，假如她们真是像灰姑娘一样撞见了白马王子，假如她们遇到的骗子长得不是那么帅……1990年的上海小姑娘，竟然还是如此不谙人事，竟然还虚荣得如此浅薄。

名词解释：小白脸

指皮肤白而相貌好看的年轻男子（含戏谑或轻视意）。

（《现代汉语词典》）

这两个骗子长得都很帅，这是据张亚莉和林懿说的。如果不是他们长得帅，两个小姑娘就未必会遭受人生的灭顶之灾。这两个骗子以自己的卖相而成为"女孩杀手"。上海女孩的杀手和北京女孩的杀手，肯定是截然不同的风格。假如说做一个北京女孩杀手，必须是虎背熊腰，必须是络腮胡子，必须是会拍案而起略略说点点粗话脏话，那么这样的男人，在上海是做不了女孩杀手的。上海女孩一直到上海女人，喜欢的不是北派的男人，喜欢的是上海男人。如果武松和西门庆同时作为一个可供选择的男人，如果武松和西门庆同时站在PK台上让上海女人投票，那么，武松真要被活活气死，胜者是西门庆这么一个小白脸。小白脸在有"上海女人"这么一种称呼之后，就像一个影子一样地尾随着。

品牌化了的上海女人是小女人，她们或许有了不错的婚姻——婚姻错与不错的标准，也就是男人的经济标准。以前，当一个男人成为老板之后，糟糠之妻也就老了，或许男人就讨小老婆了，或许就三房四妾了。"糟糠之妻不下堂"的训诫，首先包含了糟糠之妻容易下堂的危险。男人虽然对姨太太宠爱有加，但是事业的蒸蒸日上，况且也已经生理能力下降，使得他常常无暇顾及姨太太。姨太太是年轻的，有文化的，有情感追求的，有零花钱的，也是孤寂的。这个时候，有一种男人出现在了姨太太的身边，那就是小白脸了。他们没有身份，或许就是司机之类，但是他们年轻，还长得好，会讨姨太太开心，甚至他们也是读过书的人，懂得礼仪，懂得女人，最重要的，他们可能就是与姨太太差不多的青春年纪。于是小白脸的故事就发生了。因为上海是老板最多的城市，也就是姨太太最多的城市，所以小白脸的故事也成了上海的特产。

抛开小白脸的丑行和不齿，可以窥视到上海女人对男人的审美情趣：帅气自不待说，还应该是精致的，温文尔雅的，有风度的，有礼貌的，穿戴一丝不苟的，看上去有家教有学识，而在家教学识背后不言而喻的，是他的良好的家庭出身。上海男人是城市化了的男人，城市的规范是他们的自律，女人的喜欢就是他们的自律。

洪晃曾经写到过她对北派男人和上海男人质感的分析。有一次她和姜文、王志文一起吃饭，"姜文的着装完全是运动型的，最大的特点是一顶能够挡掉一批狗仔队的棒球帽。而王志文却是一番文人打扮，白衬衫好像是 Comme des Garcons 或者 Prada 的，裤子和鞋都是黑色，非常低调的精致。我立刻意识到他是上海男人，同时感到自己无比粗糙，一顿饭都不敢说话。"于是洪晃给了精致的上海男人一个称号：上海"女"男，也就是说王志文身上这么一种精致，是女性化男人的集大成。但是洪晃有所不知的是，上海女人喜欢男人，就是从精致开始。

五十年前上海女人曾经被一个男人倾倒，虽然那时候人还是很内敛，还是很拘谨，像如今粉丝般的狂热是不可能的，但是暗地的情感涌动也是汹涌澎湃的。这个男人就是电影演员孙道临。因为当时他还没有结婚。今年已经86岁高龄的孙道临，出生在北京，父亲是高级知识分子，他本人也毕业于燕京大学，所以他身上的知识分子的儒雅是与生俱来的。50年代他已经拍了很多电影，像《家》中的二哥，像《永不消逝的电波》中的李侠，像《早春二月》中的萧涧秋，每一个角色都击中了上海女人的心脾，况且孙道临风华正茂却还是孤身一人，用如今的话来说，是名副其实的钻石王老五了。常有漂亮的姑娘在剧院门口向孙道临表达爱意，甚至还有一个女孩子发了花痴病，每天守候在淮海中路上的电影局门口，要和孙道临结婚；至于求爱信更是源源不断了。孙道临只能谎称自己已经结婚。事实上他和越剧演员王文娟结婚是在1960年，那一年孙道临39岁，王文娟35岁。从此，上海女人对孙道临的爱慕被画上了一个句号，但是上海女人对男人的审美情趣被凸显出来，而且这样的情趣一直强有力地延续着，它既可能是上海女人对明星风格的爱戴，也可能是选择丈夫的理由。

孙道临并不是一个孤立的帅哥，也是在差不多的时候，女作家程乃珊迷上了好莱坞明星格利高里·派克。"他是我少女时代结识的一位好朋友,我是在电影《百万英镑》里认识他的。他颀长的个子,老喜欢眯缝着双眼,略抬起右眉毛瞧人,目光既诙谐又机敏。还有,在他牵起半边嘴角的含蓄的微笑里,隐藏着诚挚、深情、爱意和一丝淡淡的哀怨"(引自程乃珊《你好,帕克》)。被如此描写的派克,完全就是一个英气过人的帅哥。

程乃珊迷上了派克,"甚至发疯般四处收集帕克(即派克)的剧照,不惜把许多时间浪费在兜售影星照片的小贩和地摊上。可惜有关帕克的剧照实在太少,幸好出了一本《百万英镑》的电影连环画,我把它和我的蝴蝶结、发夹、洒着香水而从不舍得用的花手帕珍藏在一起。"只可惜"文革"中被红卫兵付之一炬。

派克和孙道临属于同一个系列的男人,甚至还包括《上海滩》主角周润发,还可以包括台湾歌手费玉清。他们或者儒雅或者风流倜傥,或者诙谐或者一丝不苟,或者谦和或者专断,但是他们具有被上海女人所喜欢的基质:他们都是雅致的,细心的,有礼貌的,负责任的,关心和照顾女人的。1985年大年初一,程乃珊意外地收到一份硕大的、沉沉的、硬邦邦的邮件——派克寄来的签名题字的画册。画册里夹着一封信,其中有一句:"听说你好容易收集到的我的剧照都在一场大灾难中丢失了,现在,我还给你。"用一个"还"字而不是"送"字,很细微之处体现出了类似于上海老克勒男人的做派。

确实有一个时期,"上海男人"的市值在下降,甚至连续遭遇"跌停板"。作家沙叶新写过一个非常著名的话剧《寻找男子汉》,和高仓健的《追捕》形成强烈的呼应,促成了那个时代完美男性唯一而统一的标准,就是不苟言笑、力量型的高仓健式的硬汉,这种潜标准颠覆了上海男人向来的摹本，后来被理解为上海汉子的缺损。伴随着上海在80年代的徘徊焦灼，可谓是城市失火，殃及男人，上海男人的精明、谨慎、谦和、勤奋，全部有了反向的诠释。随着上海再一次崛起，上海男人的形象再一次被肯定：在一个城市里，需要的不是汉子，汉子是扛力气活的，是拔刀相助的，是天不怕地不怕的，是抽烟喝酒玩女人的，这一切行为不符合城市的生活规则，城市需要的是男人，需要能力、责任、礼仪、勤奋、关爱。历史兜了一个圈，从男人到男子汉，从男子汉又回归男人。在上海的方方面面，假如有人振臂高呼"我是男子汉"，那真要被人当作神经病的。韩国明星裴勇俊和高仓健年代绝不相同，两个人都生逢其时；裴勇俊就是一个彻头彻尾的城市男人形象，夸张一点说，裴勇俊很像是一个上海男人，眼睛细长，说起话来还略略腼腆；最有讽刺意味的是，除了在韩国，最追捧裴勇俊的是高仓健的祖国日本。

上海女人也钟情高仓健，但是也是受了上海百年城市历史的耳濡目染，上海女人始终对上海男人"不离不弃"。近年来，上海女人与北派男人、南派男人结婚的很多，并不局限上海男人。从结婚的实际后果来看，上海女人与南派男人结婚比较顺畅，与北派男人结婚，往往"高开低走"。据说最让上海女人认为无法共同生活的原因大约有两点，一是北派男人喜欢吃大蒜韭菜，二是北派男人不喜欢天天洗澡洗脚。

对于上海女人来说，即使一生生活在石库门里，即使没有符合生活标准的卫生设备，每天洗澡洗脚，就如同每天刷牙洗脸一样。螺蛳壳里做道场，对于在石库门里每天吃喝拉撒的女人来说，是流程，也是乐趣。

有一位石库门女人，自己是小学教师，男人是国企的一个科长，经济条件很不错，只不过是阴错阳差，在前几年最不应该买股票的时候买了股票，在最应该买房子的时候没有买房子，所以至今还盘踞在石库门的厢房里，当股票和房子这两笔买卖形成因果关系的时候，心里总归是"挖煞"（沪语，郁闷的意思）的，但是女人还是把书教得很好，男人也把科长做得很投入。

女人人缘好，人脉也不错，常有老同学老朋友等等请她聚会，女人有时去，有时不去，去与不去取决于老公孩子是否已经安排停当。某次老同学聚会，本来已经定下日子，但是女人在聚会前一晚提出要改期，因为老公临时要出差，她要和老公一起吃晚饭，还要帮老公理行李，因为汗衫短裤袜子老公都搞不清楚的。老同学说："老夫老妻了，不回去吃饭也不要紧啊，侬老公被你宠坏了。"女人说："格种事体伊又做不来的啰。"老同学说那就推迟一天，女人说不行，因为孩子没人照顾了。一直推迟到女人的老公要回来的一天，女人当然还是要推迟："伊刚刚回来，我哪能好意思不回去吃饭呢？"女人这么说的时候，一点没有埋怨和不开心。

石库门的狭窄逼仄，常常是一家人家因为挤迫而温馨，老公孩子尽在眼皮子底下，嘴上说看看也戳气，心里是一肚皮欢喜，欢喜到了一根冰淇淋也可以咬了两口给老公吃——老公就紧挨在女人身边坐着，也是因为房间小的关系。

化妆吃饭做爱一样都不少

人无法永远地站在月球的高度,解析地球上的行为并且得出高瞻远瞩的结论,人也无法用今天的标准去衡量历史上自己的今天。当我们远距离眺望石库门亭子间女人时,我们会情不自禁地一掬同情之泪,她们生活得多么清贫多么辛劳多么压抑,这是我们今天的认知。事实上在三十年前,她们并不觉得自己清贫、辛劳和压抑;她们当年的幸福和满足,远远超越了当下的白领女性,也远远超越了陈白露、王琦瑶……

她们有一间婚房,还是整整齐齐的亭子间;即使再差一点的,是在头抬不起来、人也站不直的阁楼上,即使是在大房间里拉一条窗帘或者用大衣橱作为和长辈、弟妹的卧室分隔——这在当时普遍缺吃少穿无房的社会环境下,已经算是嫁有主、婚有房了。也正是有这么一种发自内心的幸福和满足,她们才会满怀热情、将自己的聪明和才智奉献给几个平方米的婚房,才会把婚后的所有生活调试到最佳状态,才会将对狭小空间的埋怨,转化为"室雅何须大,花香不在多"的精打细算的创造力和想象力,才会有滋有味地过日子——也就是在这样的时候,上海女人的性情不经意地流淌了出来。她们的衣食住行,包括她们老公和孩子的衣食住行,就是妥帖到让人不相信。上海女人会过日子,不仅是说她们会在优越的条件下,善于享受,也是说在困难的条件下,创造享受——这与百无聊赖的自得其乐完全不同。可以改动一下毛泽东的一句名言作为赞美:有条件要享受,没有条件创造条件也要享受。至于石库门女人对自己生活环境的不满并且渴望走出石库门,那已经是在80年代中期以后的事情了。

各大城市女性对自己性生活质量的满意度

全国:19.9%的人非常满意,55.2%的人比较满意,19.7%的人不满意,5.2%的人非常不满意。不满意的地方排名:重庆>江苏>山东>广东>北京>浙江>上海。

(2004年10月26日新浪伊人风采)

民以食为天,那么婚姻呢?婚以性为上。如今已经没有人会怀疑性在婚姻中的无可替代的核心作用。而在石库门的婚姻里,最艰难的当是夫妻做爱,但是事实上石库门夫妻自有一套"因地制宜"做爱的实践。假如没有不速之客,石库门夫妻的性生活一直是很和谐的,甚至还是高频率的,虽然有儿或有女,但是就像他们善于安排生活一样,他们也善于安排性生活。上述的这份调查,上海女人位居最后的意思,是不满意自己性生活质量的人最少。女儿很小的时候,等她睡着后,亭子间的夜间就是夫妻俩的空间;女儿渐渐长大后,他们要么还是在晚上做爱,要么在早上送女儿上幼儿园或者上学之后,来一个做爱回马枪,要么在下午接女儿回来之前来一个突击做爱;要知道当时工人大多有上早班中班夜班,不仅可以安排好作息时间,还可以安排好做爱时间。

更有年轻夫妻晚饭后，送女儿去学琴、儿子去学画，然后有一个半小时的空隙，回到家里速战速决、速爱速做。当然亭子间夫妻算是幸福的，那些在大房间里以橱做墙或者拉一条布帘，与公公婆婆、叔叔妹妹混居的夫妻，她们做爱本能地学会了气声，本能地用电视机的声音做一个声波掩护。

对于石库门夫妻来说，他们最窘迫的做爱应该是在1990年代前后，知青的子女、也就是他们的侄子或者外甥到上海来了，报进了户口，住了进来。像《孽债》中带来了私生子的并不多，但是性生活质量就和《孽债》中的凌杉杉一样。只是当思凡住进自己的亭子间时，凌杉杉才陡然觉得空间狭小得无法做爱了，而这种感觉也是在她努力去改变后才产生的。晚上她和梁曼诚做爱了。电视剧中有这么一段场景：梁曼诚搂住了杉杉，杉杉叫他轻一点，先将睡熟的女儿抱到床的里边，但是老床还是吱嘎吱嘎地作响，杉杉连气声都不敢发出来；做爱完毕杉杉像往常一样，坐在床边痰盂小便，听得痰盂里发出的水流声，杉杉才真的崩溃了。这个场景是石库门极为真实典型的做爱场景。它所折射出来的意思是：再困难的生活条件，也阻挡不了夫妻性生活的热情，而性生活热情的夫妻是有生活热情的夫妻。这是上海女人善于克制的传统，或许也可以称作美德。如果说居住条件会对性生活有所影响的话，那么让所有局外人大跌眼镜的是，居住条件越局促，性生活的频率越高，因为局促，所以有了凝聚力，因为局促，反而增加了自得其乐的追求。

石库门女人性生活的热情，只是石库门女人生活热情的一部分,在夫妻关系中,性生活的和谐幸福与否,往往是日常生活的一个折射。石库门女人也是如此。当一个女人性生活美满的时候,很有可能,她对自己的生活充满热情。一方面她对自己的生活环境、居住环境会有很大的包容;另一方面她会对自己衣着、打扮会越来越讲究。虽然她们往往钱并不很多,虽然她们的衣着打扮常常会有一些问题,比如会穿了一套睡衣裤去买菜,会把两条眉毛文得很夸张,但是她们可能是上海女人中生活热情最高的一个群体。尤其是当居住环境不仅恶劣而且还不可能改变的时候,是她们的生活热情维系了她们的生活,而且在精神上战胜了环境的恶劣。

石库门弄堂的那一个小便池,足以从反面来证明石库门女人的生活热情。因为没有卫生设备,石库门弄堂通常有一个男用小便池,小便池一侧有一个尿槽,是给弄堂人家来倒痰盂的。小便池是露天贴墙的。男人背对弄堂小便,身后边就是男男女女熟视无睹地进进出出,就有女人提了个痰盂罐在一侧倒痰盂,没有什么女人要故意把头扭向另一边,谁都没有觉得有什么不妥。这样的环境算得上恶俗,但是当改变这样的环境成为不可能的时候,改变自己才是聪明女人的做法。

后来我还从这样的弄堂里揣摸出了栀子花、白兰花和上海女人的关系。在这样弄堂里过日子的女人,早上会提着便壶在小便池旁边洗刷,要生煤球炉,在家里换件内衣都只有躲在房门背后,且不说没有独用的卫生间,而且推开窗,几乎就是与对面人家形成对视。但也是这样的女人,从弄堂里出来,身上绝不会带任何的汗臭,因为是刚刚擦了一把身,刚刚换上了衣服,绝不会有任何邂逅。一转弯那就是像王安忆所写的,是一个标准的上海女人,以前叫做上海大小姐,有点嗲丽丽。在弄堂口,一个老妪的叫卖悠扬着:"栀子花、白兰花,一角洋钿买三朵。"从弄堂里走出来的女人,挑一朵最鲜嫩的,别在衬衫纽扣上,去上班,去走亲戚。栀子花和白兰花极淡的清香,将这条逼仄弄堂的汗臭驱散得无影无踪。上海女人喜欢栀子花和白兰花是有这个原因的,上海女人差不多是将栀子花、白兰花当作未经提炼的香水植物。经济条件差一点的,那就在身上洒一点花露水,也是去味的清香。以至有很长一段时间,"花露水老浓的"成为上海的一句俚语,当然意思已经转移。

  石库门女人也化妆,但是她们的家里没有梳妆台,也容不下梳妆台,所以她们化妆是站在大衣橱的镜子前,抹一抹不很高级的口红——很可能就是免费的广告赠送品。美国的社会学家经过调查得出结论:美国女人早上上班前的梳妆打扮的时间是五十四分钟,几乎就是一小时;假如早上9点出门的话,8点钟已经安闲地坐在了梳妆台前,像花木兰一样"对镜贴花黄"。可以顺着美国人的调查继续调查下去,石库门女人是不可能有这份悠闲的,首先就不可能是坐着。有个女人脱口而出,早起床后只有第一件事情是坐的,后来所有的事情,盥洗、吃早饭、化妆,都是站着做的,总共才用了一刻钟。从效果上看,和美国女人做了五十四分钟功课的卷面同样整洁,这也是上海女人的功夫。几十年前,上海女人用的雪花膏著称全国,那个年代,像雪花一样的白是女人的崇尚。依稀中,雪花膏的品牌是"友谊",要是今天还有,这样的名字,要么联想到油腻兮兮,要么联想到全世界人民的团结,肯定是卖不掉的了。而上海女人却像雪花膏一样被人崇尚至今。

在相对粗劣的生活环境和经济条件中获得从性生活的满意到生活的热情,石库门女人对自己的生活定位不很高是一个原因,另外一个原因,则是来自她们的老公、石库门男人。用成功的男人的角度衡量,石库门男人大多算不上是成功的男人,至少不会有概念上的大款,否则也已经离开了石库门。他们可能工人居多,和他们的老婆有着相同的文化背景、生活背景和相差不多的经济收入,他们基本上是每天两点一线的男人——上班从家里到单位,下班从单位到家,没有很多的应酬和夜生活,和老婆一起过日子是他们的义务也是他们的享受。用一个石库门男人自嘲的话来说"阿拉脑子是笨的,手脚是灵的",从以前毛脚女婿到现在一家之长,做家具,敲鱼缸,水电工,三十六只脚,买菜烧饭汰衣裳,踏缝纫机,没有不会的。

既然是在家里,作为一个石库门男人,基本上都是有责任心的男人,而且当责任心与上海这样一座城市的文明相交时,直接的结果就是表现在做家务。《东方早报》2006年1月27日的一项调查证实:上海男人真是无愧于符合上海这座城市开化的好男人,他们在家庭中承担的家务劳动甚至比女性还多。45%的被调查者表示,在家中夫妻双方分担的家务劳动"差不多";有36%的男性分担着更多的家务劳动;仅仅19%的被调查者表示家务劳动仍然是女性的主要职责。不仅是分担了家务,而且上海男人也是疼老婆的,当然从另一个侧面来解释,那就是上海男人是怕老婆的?因为调查结果还显示:上海男性在家庭生活中具有更大的容忍性;在夫妻双方发生争吵时,大部分家庭都由男性先作出让步。

石库门男人和石库门女人，或许是最完美的家务流水线，可能分工是最科学的。石库门的家务当然要比公寓房子和新式里弄房子多，多就多在了石库门的硬件设施差，倒马桶、倒痰盂是石库门的每天开门第一件事；因为是煤球炉，又多了买煤球的事情；因为公用厨房在一楼，烧好菜烧好饭就多了拿上去的事情，满满一锅汤，顺着小楼梯上去可不是容易的事情；吃好饭又得到底楼洗刷。买煤球总是男人的事情，女人菜烧好了，拿到楼上去是男人的事情，饭吃好了洗刷可能也是男人的事情。

石库门男人还有一忙。到过石库门里面的人一定会有很强烈的印象，不管是厨房还是卫生间还是房间，没有一道墙是"完璧"，尤其是房间里，一块块搁板支撑在墙上，当书架，当化妆架，甚至都有当电视架的。搁板是房间面积的立体延伸。搁板大部分是木板的，也有金属的，虽然仅是一块搁板，常常倒是做得精细的。搁板是男人敲上去的。在这方面，石库门男人的工人优势就体现出来了，他有工具，可能就是厂里的工具，有材料，也可能就是厂里的材料，当然还有技术。所以石库门男人都是手勤脚健，乃至要搭一个违章建筑，常常也是自己动手。当然这一切既是被石库门的居住条件逼出来的，也是被石库门男人动手能力强的氛围逼出来的，一个男人连一块搁板也敲不上去，那可是讨不到老婆的，除非他读书读得特别好。

在2006年9月上海的一次论坛上，央视女主持人张越对上海男人每天回家"买汰烧"的行为颇不以为然，她认为上海男人只是表面听话，实则有主张女性更依赖男性的倾向。张越是从女权至少是女人独立的高度来论证男人买汰烧的不应该,有宏观的道理,但是张越没有真正地在石库门里生活过。对于一个石库门女人来说,最重要的女权和女人独立,是自己的男人帮自己一道撑起一个家,最怕的是嫁给了一个东兜兜、西荡荡的男人。一个石库门女人如果没有一个男人和她同甘共苦,那她就是一个人吃苦。

当然石库门男人没有白做,石库门女人是有投桃报李的反馈的。那就是石库门女人善于忍让,甚至就有其他地方的女人不能承受之忍:上海女性对丈夫不忠的容忍比例在全国最高,达到23%。这个调查结果,会让许多人吃惊,上海女人这么嗲这么作,且上海又是最张扬个性,为何上海女人这么忍气吞声?不是上海女人前卫到了对丈夫的不忠都可以无所谓,而是上海女人有上海版本的理性,就像上海男人的让步有上海男人的道理一样。尤其是在石库门里,一方面夫妻间的争吵是最普遍的;另一方面,夫妻间的互相庇护和忍让也是第一位的。比如一个男人去了发廊这样的地方被发现了,妻子当然生气,有一种是破口大骂,就在弄堂里把男人骂得狗血喷头,这样的女人有,但是少;更多的女人,可能几个月不睬丈夫,可能把他的零花钱、私房钱全部没收,但是这样的生气大多不仅不会张扬,而且还要刻意地遮掩,在邻居面前装得什么事情都没有。在上海,不管是男人还是女人,都有些"家丑不可外扬"的想法。对于男人来说,石库门家家户户之间放个屁都听得见,夫妻吵起架来就是被人家当笑话;对于女人来说,大声张扬先被人家看不起的是自己,人家背后会议论,光荣啊?一个石库门女人,当她的丈夫不忠时,她每天都要面对七十二家房客每一张脸的窥视。有个女人说,我就当他是一只鸽子,早上飞出去,晚上总要飞回来。

石库门毕竟还是一个生活和艺术的对立空间。作为上海的标志性民宅群落,是有文化价值的,也是赏心悦目的,"新天地"在时尚意义上的巨大成功,就是成功在它的石库门基调。这是石库门的艺术性。艺术和生活有时候是相融相通的,比如像洋房别墅这样的房子,在这样的房子里过日子就像是艺术;艺术和生活有时候是不相融不相通的,比如在石库门每天生煤炉倒马桶是没有艺术可言的,尤其是在石库门成为"七十二家房客"的狭小空间之后,看上去的美感,只不过是在普遍住房拥挤年代,石库门的男人女人发挥出了他们最大的生活热情和最大的生活创造力想象力罢了。1990年代以后石库门逐渐冷清,石库门的传统文化逐渐淡出,原居民或者动迁,或者买房,留下来的石库门,很多已经是老年人的石库门,尤其是外来人口的石库门。石库门可能更加拥挤,但是已经不具有上海人的特质了。

住过石库门的女人男人,会把石库门的习气带到新房子去。这习气中有寸土必争的习气,比如喜欢把鞋柜放在房门外的通道;这习气中也有上海女人男人的相安之道,这便是男女间的关系比石库门时代更加默契了。上海人是懂得珍惜生活的。《解放日报》2006年6月1日刊登的上海市妇联的一项调查可以佐证:有93.2%的上海女性跟丈夫有共同话题、经常谈得愉快,比十年前上升11.6个百分点;96.3%的女性未被强迫过性生活。11个百分点的升高,和这十几年居所的变迁,是会有一部分的因果关系的。

毕竟石库门是艰苦的。当女人将男人比作鸽子的时候,女人的心底就是将自己的家比做了鸽棚。女人是要男人飞回来的,但是女人心里想着的,是要和男人一起飞出去不飞回来的。

/ 第四章

女人心：所谓伊人，在水一方

/ 风情发生地
日领馆，电梯，红灯区，轿车
/ 语录
陪酒，婚外恋，私奔，缩女
/ 课题
上海女人为什么名声会受质疑？

东京的月亮

1983年,日本中曾根康弘内阁把"接受10万留学生"作为一项国策提出以后,中国赴日留学者趋之若鹜,没考上大学的、对现有工作不满意的,甚至下乡返城的知青,都把赴日留学作为改变人生轨迹的一个途径。到日本去的中国人在短短的几年里从几百人跃升至近4万人,其中来自上海的就有2万人。

(2004年滴答网)

差不多已经成为一个定式,一说到上海男人,那就是琐碎、小气等等,一说到上海女人,那就是嗲作娇骄等等。如果在网上展开上海女人的话题,还有一种有相当人气的板砖言论:上海女人是最没有道德底线的,二十年前出国潮时上海女人在日本都是当陪酒女的。各个地方都有失去道德底线的女子,而且上海也绝对不会独占鳌头的,但是只有上海女人的这么一个"前科",被网友牢牢抓住不放。

这言论倒是不陌生的,二十年前就已经流传过:去日本的上海男人是背死尸的,女人是陪酒的。这种说法而且好像还有日本民俗的依据。据说在日本是不可以用电梯接尸的,再高的楼,也是一层一层背下去的,这份差事日本人是不干的,就留给上海男人干了；至于陪酒女，因为日本男人喜欢寻欢作乐，所以上海女人在那里陪酒是肯定的。反正，去日本的上海男女，日币赚得不少，但都是不上台面的事情。电视剧《上海人在东京》也对上海女留学生有过相似的描述：站着干不如坐着干，坐着干不如躺着干。

为什么都是上海男女之所为，而没有其他城市的男男女女？因为在当时赴日本留学潮中，上海人不仅是跑在最前面的，也是人数最多的。所以这两份差使也就名正言顺地算做上海男男女女之所为了。也所以，在网络的各种论坛上，只要一论及上海女人的优秀，便有无数板砖砸来。

在实际的印象中，也就是在上海人的实际感受中，身边的同事、朋友、亲戚去日本的不少，嫁给日本人的有，学了点日语、在饭店洗洗刷刷打工挣了点辛苦钱回来的有，但是很少有上海女人在日本做陪酒女的。虽然做三陪女的人是不会如实说的，但是感觉还是可以感觉得出来的。

撇开各种编造的故事，有什么确凿的依据来证明呢？包括日本媒体、中国媒体的新闻报道的史料，是否有人引用过？确实常有境外媒体报道大陆女子偷渡做妓女的，但是很少注明来自大陆的哪个省份，即使注明省份的，基本上不是上海籍的。这样一种强烈的印象是如何形成的？它总有一个源头。

不妨先解析上海男人在日本背尸体的传言，以此来证实上海女人在日本专做三陪的传言真伪，因为当时这两个传言同时传播，也具有同等的杀伤力。且不说是否有这样的苦差使专等着上海男人去做，在上海男人还没有去日本前是谁在背尸体的？即便是真的，当时去日本的上海男人数以万计，哪有那么多的日本人尸体供上海男人去背？如果有，肯定是赚不到钱的。所以上海男人在日本都是背尸体的传言，是含有当时未去日本的人对去日本的人的嘲笑和嫉妒的。

既然上海男人在日本不可能是背尸体的，那么上海女人也应该不可能是做三陪女的，这是就他们的主流群体而言。上海年轻男女在日本的主要打工职业，更加接近于生活真实的，是在各类餐馆打杂。上海的年轻一代女人可以说是放下了上海女人传统的架子去异国当了下人。在异国他乡做陪酒女的肯定是有的，而且每一个地域出国的女人都是会有的，就如同现在每一个大大小小的城市里，都充斥着五湖四海的三陪女一样，但是人们不会把某一个省的三陪女当作是某一个省的务工女人的主流道德。

问题就在于，唯有上海女人被留下在日本做陪酒女的口碑。

这个错觉大概来自作家沙叶新1993年写的那一篇很著名的文章《东京的月亮圆不圆》——

"我飞往东京，为了解实情，除了访问语言学校、召开座谈会、多次采访中国学生外，我还假充中国东北的日本残留孤儿去料理店要求打工。我又三次悄悄带着袖珍录音机到'丝纳姑'（酒吧）与上海的陪酒女郎交谈。我甚至去新宿歌舞伎町的妓院去寻找干那种营生的有没有我们上海的姑娘。真是不到东京不知道，到了东京吓一跳，我极大地震惊我那些年轻的上海男女同胞们绝大多数都生活在日本的最底层，干着最危险、最肮脏、最笨重的活儿，过着卖命、卖笑甚至卖肉的生涯！

"有一位在上海当外科医生的小姐，洗了半个月的碗。看看自己拿手术刀的纤纤十指被洗涤液腐蚀得肿胀脱皮，哭了一夜，第二天便到'丝纳姑'去当陪酒女郎了。还有一个陪酒女郎是上海某学院的毕业生，我问她自己干这一行父母知不知道？她说不知道。我问她自己对干这一行有何想法？她说关键在于自己把握好自己。我问有客人欺侮你吗？她说有。'一个日本老头来这里喝酒，看我长得还可以，就说要包我，一个月50万日元，还给我买一间房子。每个星期他只要我陪他一个晚上，其他时间我愿意干啥就干啥，他绝不过问。我故意装糊涂，说我刚来日本，听不懂他的话。我又说我是来读书的，在这里打工也是为了交学费，不是为了别的。他看我装傻，在敷衍他，就发火了，要揍我，还告诉妈妈桑说我不识抬举，不给他面子，要妈妈桑炒我鱿鱼。说真的，这种地方不是人待的，每天都在染缸边，再怎么清白，不到半年也要黑得一塌糊涂，太可怕了！'"

文章发表在全国发行量最大、市民性最强的《新民晚报》，也就可以想象它的原子弹一般的辐射力和杀伤力。谁的女儿在日本，谁的女朋友在日本，涉及上万个上海女孩子家人的清白呢。一时间都已经丧失了辩解和否认的能力，都抬不起头来，好像谁都在背后点点戳戳；为了去日本，东借西借凑齐了10万日币，却换来一个丑恶的名声。但是更多的舆论是炮轰沙叶新，以至沙叶新在强大的舆论压力下也只能表示："我认识到我对阴暗面的好心揭露，却大大伤害了留日就读生及其家长的感情。这是我始料未及和为之抱歉的。"其实沙叶新是上海人，他的采访对象是上海青年男女，而不涉及其他地域的男女所为，况且他只涉及了他的采访点，而不是更广泛的群体。后来上海的《联合时报》以两个整版刊登读者来信反驳沙叶新，但是这张报纸影响力小得多，而且，好事不出门，"恶事"传千里；一石不仅激起千层浪，一石还激起二十年浪。上海女人在日本的口碑就此定格。如今对上海女人的道德怀疑也来自于此。

上海女人在日本打工的口碑至少没有这么差。上海女人在日本失德的没怎么听到，真是成气候的事情，是上海女人的变心了。上海女人在日本嫁人的不少，而且嫁得不错的也不少。这是有事实根据的。近年来新一代赴日留学生"随嫁一族"，就和当年以上海女人为主的女人有关。"随嫁一族"的母亲们大都出于各种原因嫁给了日本人：有许多已婚的女留学生"黑"了下来，为了转变身份而嫁给日本人，还有不少女人是离婚以后通过中介嫁到日本。当时她们的孩子还小，无法带在身边。在日本生活逐步稳定下来后，出于补偿心理，她们纷纷将留在国内的孩子以"家族滞在"的名义办到日本。这是一个间接的证据：变心的女人肯定不是陪酒的女人，否则她们就没有了变心的资格。

W先生的妻子是去日本留学的，从机场相别时的无语哽咽到最后离婚，也就是两年的时间。终于，W先生去单位人事部门盖章——那时候离婚也需要单位盖章同意，人事主管问W先生，你妻子，啊不，你的那个去了几年了？W先生说去了两年了。人事主管说，两年啦？那是差不多了。

近年来常有报道说中国离婚率居高不下，上海的离婚率位居全国第一。虽然在数据统计上有不同的方法，但是不管是哪一种统计方法，不同的只是具体的数字，至于离婚的趋向和格局是一样的。而这个趋向和格局的发端，就是从二十年前出国潮开始的。既然在出国潮中上海人占据了全国第一，那么之后因为天各一方而造成的婚姻破裂也是全国第一。这扇离婚门一旦打开，那就无法再关上了。

上海人涉外婚姻全国第一

上海市统计局新发布的上海2006年统计年鉴显示，1985年至2005年间，上海的异国婚姻首次突破1000对是1990年，1992年就突破2000对，1995年再突破3000对。到目前为止的最高纪录是2001年，达3447对。其中涉及中国公民的有3438人，男性公民399人，女性公民3039人。

（2007年2月16日新加坡《联合早报》）

当年，上海女人并没有因为在日本做"陪酒女郎"而在上海无地自容，因为这只是一时间的传言。上海女人在出国潮中真正冲击了上海人多少年来积淀下来的心理优势的，是她们为在国外留下来而导致的家庭分崩离析；上海女人真正红杏插到国门城墙之外的，是涉外婚姻。"华籍美人嫁给美籍华人"仅仅是一个开端，延续到今天，在上海街头，看到一个上海小女子挽着一个老外的胳臂亲亲热热地逛马路，绝对不是难事，更不要说在酒吧这样的时尚场所了。茂名路酒吧街，几乎就是上海小女人和老外的天然邂逅地。而且上海小女人的外语就是这么的流利，要英语有英语，要法语有法语，好像上海人的舌头天生就是为了讲外语似的。在涉外婚姻中，仅仅是2001年一年，就有3039个上海小女人成了"洋媳妇"。如果说异国恋也要讲究缘的话，那么，上海小女人是最懂这份缘的了。

上海女人天生不怕外国人，上海女人也天生不让外国人害怕；或者说，上海女人天生对外国人有亲和力，上海女人也天生让外国人产生亲和力。可以说这是上海小女人为了自己的婚姻的刻意为之，但是刻意为之得一点不露痕迹，也是浑然天成的技巧。

有个小女人，自身条件不错，已经过了而立之年，处于嫁不出去的边缘；她也没有什么着急，也没有什么招数，也不抱什么信心。反正是独身一人，照常隔三岔五与朋友聚会吃饭，居然就在聚会的饭桌上认识了朋友的朋友，也就是她后来的外国丈夫；上海小女人心里应该是看上了对方，但是上海小女人对待老外，就是有与生俱来的"欲擒故纵"术，她是不会很主动去追对方的，她以不卑不亢的态度，引得那个老外使出浑身解数，直至结婚大典上，小女人的丈夫仍旧极其憨厚地说，自己太幸运了。而小女人的几个死党，是在心底极其羡慕小女人最终拥有这么一个婚姻结果的。

上海小女人和老外的天然默契，在于上海与世界的天然默契。老外的生活方式、理念、习惯、礼仪、风度，对于上海女人来说，正是自己熟悉而又喜欢的。撇开功利婚姻的因素，比起北方男人来说，上海小女人更喜欢老外。从地理学的角度讲，嫁给外地人和嫁给外国人是一样的，外国人只是一个更远的外地人而已。上海的女学生会喜欢北方人，但是上海的小女人，就不再喜欢北方人或者北方式男人的风格。胡子拉碴的，不修边幅的，乡土气十足的北方版本男明星，在全国或许会有千百万的粉丝，但是在上海小女人心目中，没有他们的位置。比如赵本山、潘长江、郭德纲，在上海演出票房都很勉强，要成立一支狂热的粉丝队伍是不可能的。北方明星中也有上海女人的情感杀手，陈道明是天津人，濮存昕是北京人，他们的举手投足，更像是和王志文一样的上海人，所以这些北方明星确确实实是具有杀伤力的。至于陈宝国、张丰毅这样的北派明星，是凭着一身英气俘获上海女人心的。在上海小女人的潜意识里，与其说她们是"崇洋"的，不如说她们是"排土"的。温情脉脉、温文尔雅、风度翩翩的男人，就像是基因一样地植入上海女人的心底。至于老外他们的所有气息，与上海女人简直是息息相通的。就像作家程乃珊少女时代就会迷上了格利高里·派克。在茂名路酒吧、新天地、衡山路之类的时尚场所，很容易看到一个老外和一个上海小女人非常熟稔地说笑，好像已经是知心知己的关系，其实他们只认识了一两天，甚至只是一两个小时。不陌生，不怯场——撇开道德的褒贬，搭讪也是很西方化的交际本领。《魂断蓝桥》中芭蕾舞女演员玛亚，就是在滑铁卢桥邂逅了高级军官罗伊，演绎了断魂之恋。

也确实有一门心思嫁给老外的。有些上海女人要从自己每月6000元的工资中拿出4000元，在高档涉外酒店式公寓租房，不是为了享受，她们每天最大的任务就是试着在电梯里"偶遇"老外，并且可以在不露痕迹的妩媚中和对方有意识地搭讪和交流。时尚场所的独女，基本上就是在等待一个机会。所以也有人戏称这样的独女为"钓女"，专门是来钓老外的。不过也有观察家指出，花大钱租高级公寓房的女人，是在上海的女人，而非全都是上海女人。在上海的女人当然有更宽的范围，主要是各地来上海的女大学生中的希望"涉外者",而对于老外来说,在上海的女大学生就是上海女大学生,当然其中也会有上海女大学生。她们不惜工本租房,一方面可以理解为功利,另一方面也可以理解为一见钟情——这也是老外喜欢的爱情方式。这也可以看作是涉外婚姻的潜规则,有许多的涉外婚姻就是这样搭讪搭出来的。

这样的上海女人并不讳言自己看中老外就是看中老外的经济收入。为什么不可以将自己嫁得好一点呢?上海女人在婚姻上是极其务实的,她们只相信有了钱才会有浪漫才会有爱情;没有钱,所有的浪漫和爱情,就如同没有了雪柜的哈根达斯。

上海女人更容易出轨?

在搜寻有关上海女人情愫的社会信息时，会有越来越强烈的印象，上海女人几乎就是所有数据的皇后，上海女人在诸多情愫上，都是位居全国第一：涉外婚姻是全国第一位的；离婚率是最高的；老夫少妻是所有城市中最多的；结婚费用也是当仁不让的全国第一……

最令人吃惊的第一是，上海女人更容易出轨。这是2000年上海社科院"中国离婚调查"得出的结论。在婚外恋导致离婚的案例中，女性一般都是以受伤害的被动形象出现。然而调查发现，上海人发生婚外恋情，女性比例远高于男性。同时，这些发生婚外私情者，绝大多数是生活条件平实朴素的普通市民，而不是往往被称为"有钱就变坏"的款爷富婆。上海市婚姻家庭研究会的专家认为，由于调查是对离婚者进行样本统计的结果，而不是以全体已婚男女为抽样总体，因此，女性发生婚外恋居多的结果，并非意味着女人对待婚姻的观念更加轻率和开放，而只是表明女性一旦有了婚外情，往往更倾向于与配偶分道扬镳。

甚至还有两个台湾老板的猜测：有近半上海女人红杏出墙。

未婚青年充当第三者居多

有学者对上海市婚外情和第三者插足而导致离婚的特点进行了分析，结果发现：充当第三者的以未婚青年为多，占46%，已婚的占30%，离婚或丧偶的占15%；婚外情以同事关系为多，占54%，加上原为同学、师生或邻居的占到了65%；婚外情以对方喜新厌旧为主，占47%，夫妻不和的占18%，第三者主动搭上的占13%，两者原有恋爱关系的占6%。

（2005年3月23日云南信息港生活频道）

原本完全没有必要理会两个台湾老板不负责任的估摸，因为他们不代表任何咨询调查机构，没有任何数据支撑他们的准确。在任何一个环境里，都不可能感受到近半上海女人红杏出墙。如果去做一个活生生的现场调查，马上就可以完全否定他们不负责任的估摸：在晚上6点到7点之间，去那些亮着灯光的住家看一下，是不是女主人在做饭？是不是男女主人和孩子在共进晚餐？如果男女主人有一方不回家吃晚饭，是男主人还是女主人？是加班还是有应酬？可以这么说，男女主人双双在家吃晚饭的是绝大多数，即使有一方不在家，多数也是男主人。这个结果很自然就会否定了两个台湾老板的估摸，要真是有近半上海女人红杏出墙的话，那么近半上海住家晚上就黑灯瞎火了。

但是网络上去浏览一下，这个观点还具有很强的渗透力，还被反复引用和转述，那倒是需要分析的。形成这两个台湾人猜测的原因在于，他们在上海所遇到的已婚女人，是和他们互相有企图、有需要的女人，而不是寻常的上海女人，他们要逢场作戏的女人，就是这些女人中的一个百分比数字，那么就可以得出近半上海女人红杏出墙的结论。夸张一点地说，在内地，女人的时尚风气最早是从香港带进来的，男人吃喝嫖赌的坏风气是从台湾带进来的，而带进来的人，就是像这两个台湾老板一样的人，是被称作"台巴子"的男人。至于第二个原因，两个台巴子的言论，从心理学上分析，表现了他们对上海女人的意淫心理，将一个自我想象的数字或者情节，按照自己意淫的严重程度而放大。

撇开两个台湾人的胡言乱语，倒是应该重视来自上海权威部门的调查分析，虽然它并不表示"女人对待婚姻的观念更加轻率和开放"，但是表示了女人一旦有了婚外情就义无反顾。这么一些调查数据与上海二十年来婚外情明显上扬的曲线契合时，肯定会形成某种程度对上海女人的印象，说不定还会联想到一个曾经在上海流行过的女人专用词：骚。

在上海话里，骚和风骚是不同含义的。风骚说的是一个女人挤眉弄眼，搔首弄姿，举止轻浮；骚有部分风骚的意思，但是骚更多突出的是某一个女人的内心和对两性关系的理念，也就是怦然心动和不安分。当一个女人说另一个女人骚的时候，那是严重的骂人；当两个男人在背地里评价某一个女人蛮骚的时候，却还带点赞扬的意思，有点像是说那个女人很性感的，也有点像是说那个女人给人感觉很干柴烈火的。甚至还可以在"骚"后面加上"格格"两个字，叫做骚格格，当然这个格格仅仅是沪语的叠音后缀，可以说是比较特殊的外在性感。比如有人称著名模特吕燕，长得就有点骚的，绝无亵渎的意思，而是对她性感的夸赞。

社会的每一个发展，哪怕是细枝末叶的，哪怕是情感的，都会需要相应的代价。当上海的城市文明导致女人的个性得到保护得到张扬的时候，女人的心也就骚动起来；当女人可以自由选择自己婚姻的时候，她当然就可以自由选择自己的情感，当然可以自由改变自己的情感。如果全中国的女人都可以用"骚"这个衡器来权重的话，那么上海女人大约真是情感最丰富的女人，也是最骚的女人，只是这么一种个性被上海女人的温婉贤淑的品质弥盖着，不容易被人发现罢了。这又是上海女人的特质了，看上去心如止水，实际上暗流涌动。上海女人的幸福不会写在脸上，上海女人的痛苦不会写在脸上，她们的外在形象总是折衷着自己的内心感受。即使是有婚外恋情，依旧是在心底里运行婚外婚内两种感情，将两种感情运行得像两条轨道，永远向前运行，却永远不交叉，永远不发生矛盾。曾经有篇文章说，上海女人最善于婚外恋，不仅是说上海女人婚外恋的人次多，也是说，上海女人富有技巧，善于隐蔽自己的婚外感情。

上海的开化导致女人个性的张扬，上海修养的厚重导致女人个性穿上了淑女的礼服，所有的情感都蕴藏在淑女的外衣里。一个女人每天上班下班，谦和温婉，看不出有任何的异常，但是说不定在她内心深处，就燃烧着一团火焰；而且由于淑女外表的小女人，旁人都不能相信她的火焰会有多么炽烈，一旦她的火焰燃烧到了她的淑女外衣，旁人惊回首一般感叹：啊，一点也看不出啊！

X女就是这么一个让旁人惊叹和回味的女人。X女已经三十多岁了，儿子已经读到了小学快毕业。就像很多的上海小女人一样，不知底细，根本看不出X女的实际年龄，长得也很适宜。X

女和C男的婚外暧昧,好几年了,在一个朋友小圈子里是公开的。这个小圈子常常会去外地游乐,是C男组织的,因为他有公司有车,X女当然也同往,也同一间房间,在小圈子里是不避讳的,只是他们除了集体照,从来不合影,没有必要给各自家庭带去低级而致命的麻烦。各自的家庭其实都还不错,甚至他们还会说说各自的孩子,看得出完全不是不要各自家庭的一对。这符合更多有婚外情的上海女人的生活逻辑,很完整地保持着自己家庭的完整,很机密地进行着自己的婚外情愫,不到万不得已,这一段情愫永远是捏在自己的手心里。就这么一种婚内之家和婚外之情并行的现象,主持了上述"中国离婚调查"的上海市婚姻家庭研究会副会长徐安琪有一段评价:"较之上海在社会经济领域的开放程度,以及与北京、哈尔滨、广州等城市的婚外性行为发生率而言,上海人在婚外性行为的认可方面趋于保守。在性问题上,较为保守的社会观念,使家庭这个社会'细胞'正常运行。"

　　后来C男生意受挫,车子卖掉了,公司也关了,还欠了上千万的债务,组团出游少了,但是他们两个人的火焰还在燃烧。终于C男承受不住逼债的压力,要"蒸发"到美国去了。寻常的婚外爱情故事应该到此结束了,时间长久了,男人也潦倒了,而且也要长别了,此一别就是天各一方,是到了结束的时候。但是X女和C男的故事拉开了第二幕。X女对老公说,有朋友邀约,她要去美国旅游两星期,她也对自己的儿子这么说,也对公公婆婆和自己的父母亲这么说。谁都相信了,只有她自己心里明白,她是在和家人告别。直到她和C男私奔成功,一起在美国生活,所有人才知道了谜底。

家里所有人都不能接受她的私奔行为，不必说丈夫和公公婆婆愤恨，即使是行将小学毕业的儿子，即使是她的父母亲，都无法原谅她；而旁人觉得她痴得过分了。一个女人婚外恋不稀奇，抛弃自己的丈夫私奔不稀奇，可是舍得丢下自己的儿子私奔，那是要有非凡勇气的。有许多女人的勇气，在和丈夫对决时一往无前，但是在最后要跨越儿女亲情这一道栏杆时候彻底溃败。一个女人如果连儿女这一道天险关隘都可以一跃而过，那么还有什么事情做不到？从道德的层面上来说，X女是没有任何人会赞许她的，但是抛开道德的光环，将X女理解为一部小说、一部电视剧里面的女主角，就是截然相反的结论：这是一个非常美丽的爱情故事，X女是一个为爱情而生为爱情而死的女人，是一个为了爱情可以不要家庭的女人，是一个敢爱敢恨敢想敢做的女人。可以将她理解为现代上海版的德瑞拉夫人、娜拉、安娜·卡列尼娜，也可以因此想到了裘丽琳与麒麟童的私奔，真正的爱情永远就是离经叛道、大逆不道的……而其实，X女就是一个上海小女人，一个很骚的上海小女人，在她做出壮举之前，谁都没有想到过，这个女人居然如此放得下。沪语中有个词"模子"，是有侠骨侠气的意思，对于X女来说，她就是"模子"，就是一个侠骨柔肠的女人了。

有很多种说法认为上海是一个女人的城市，意思无非两点：上海临海蕴江有湿度，是保养女人的；同时上海文明开化，是诱惑女人的。这两个因素，其实也将上海女人推向了感情上的独立和叛逆，甚至不忠诚，所以水性杨花，在一个有水分的城市里，是有滋生繁育的条件的，但是很少有人想到，上海女人也会侠骨柔肠。

X女的侠骨柔肠，是抛弃了和儿子间的母子亲情，是为了她认为的爱情去私奔，但是，假如她的侠骨和柔情遭遇到了拒绝，倒是对方放不下的时候，可能，她的侠骨还在，她的柔肠硬了起来。那将发生什么？那将发生悲剧。上海女人，她为了一份情愫铁石心肠时，实现了情愫，她是一个最可爱的女人，丢失了情愫，她就是一个最仇恨的女人。

1993年10月的一天夜里，也是一个上海女人，在上海"蒸发"了。她叫王康娥，36岁，在农工商工作，是小车司机，还没有结婚。一个半月之后，王康娥"蒸发"的谜底揭晓，她是被人杀害的，杀害她的人，是上海中国旅行社经理兼党委书记，45岁的谈龙如。后来周里京和金巧巧主演的电影《罪恶》，就是以这起个案为原型的。

谈龙如是一个春风得意的干部，曾经参加过党中央政治局的座谈会，而王康娥仅仅是个司机，而且据谈龙如后来说，是个一点也不漂亮的女人。这两个生活距离和趣味本应该很远的人，却发生了一段历时五年的情感纠葛。谈龙如去农工商总公司赴任总经理之职，为他开车的就是王康娥。不管是出于什么原因，两个人的关系迅速升温。谈龙如是闷色，因为在其他场合，从未和女人有过不正当的关系，而王康娥也应该是闷骚，唯有一个色一个骚，才会从语言的轻佻过渡到肢体的接触，然后是性的合流。虽然谈龙如后来不承认，但是客观地分析，王康娥可能是个不怎么漂亮、却很有味道，而且很热情的女人，否则即使是擦外快，谈龙如也还是有审美情趣的底线的。就在谈龙如上任没多久的一天晚上，王康娥开车送谈龙如回家，在万航渡路苏州河边，车停了；在夜色掩映之下，谈龙如和王康娥在车厢里做爱了。谈龙如在交代时说，他没有爱过王康娥，只是"擦擦外快"，按照现在的说法就是以上司的职务便利性骚扰，但是外快一擦就擦下去了。后来王康娥怀孕了，还不止一次，谈龙如则是以单位的名义，给她开具了人流的证明。当时做人流手术需要单位证明。

谈龙如是想擦擦外快，但是王康娥不这么想，她是来真的，而且她是一个豁得出去的女人——这是普遍规律，社会层次越是低，越豁得出去，真是符合一个革命名言：彻底的无产者是无所畏惧的。她去问过谈龙如的打算："我是一个没结过婚的小姑娘，打胎的事情传出去我怎么做人？哪能嫁得出去？侬要么给我20万，要么和我结婚。"在1989年，20万元真不是一个总经理拿得出来的，谈龙如拿不出钱，也不愿意离婚。王康娥也去过谈龙如妻子单位"现开销"，甚至还去过谈龙如的单位告发，但是马上又和好了。他们的性关系在继续，他们的追与逃在升级。到了1993年秋天，谈龙如已经承受不住王康娥的紧逼，又顾及自己的政治前途，决定终止这个游戏。他对王康娥承诺与她结婚，让她准备好照片和户口本开结婚证，或者也可以给她一些钱，要做一次深谈。王康娥随谈龙如坐火车去了嘉兴，但是"谈判"没有成功，在嘉兴，谈龙如拦了一辆小车回上海，王康娥累了，头靠在谈龙如的肩上睡着了。其实，小车是向海盐的钱塘江开去，一切都是谈龙如设下的圈套。昏睡中的王康娥被谈龙如掐死，然后碎尸，被抛进了钱塘江。

果然"蒸发"了。但是谈龙如应该知道而恰恰不知道的是，王康娥是个"厉害"的女人，作为性关系中的弱势者，她给自己预设了保护机制。这个保护机制原本不是用来保护自己生命的，王康娥没有想到过谈龙如会杀她，只是当作证据可以制约谈龙如，作为进一步"谈判"的筹码，但是这个机制最后要了谈龙如的命：在最后几个月双方的争吵和谈判时，王康娥都暗暗做了录音。这些录音带，后来恰恰成了破案的突破口。

一段纠葛两条性命就此结束了，但是关于他们两个人的是非的争论没有结束。从男性的立场来论述，谈龙如是不应该去擦这种女人的外快的，湿手遭面粉，甩也甩不掉，虽然是谈龙如杀了王康娥，但是实际上谈龙如已经被王康娥逼得无路可走，是王康娥逼得谈龙如走了最后的下策。从女性的角度来看，性一定是爱的结果，爱一定是走向婚姻的前奏，王康娥是一个不幸的女人，她所做的一切，就是为了实现一个女人最基本，也是最根本的要求。1998年，《新民晚报》记者钱勤发发表了纪实报告《海盐浮尸之谜》，不约而同，著名作家陆星儿发表了以此事作为原型的小说《人在水中》；钱勤发是在采访了刑警803、并且调看了当时的卷宗后写的，是理性的思考，而陆星儿则是以一个作家的创造力和想象力所做的感性的阐发；不同的性别，不同的文本，不同的思考，甚至也是不同的结论，却都是很有意思的社会学的阅览。

在两个不同思考文本的背后，仍旧是对上海女人的思考。同一个上海女人，在上海女人和男人中间会获得不同的印象，厉害的女人和不幸的女人，到底哪一个女人更接近于王康娥本人？这个结论本身并不重要，重要的是，上海的确有厉害的女人，也的确有不幸的女人,厉害的女人会有感情问题,不幸的女人也有感情问题;也可以说,不幸的女人很厉害,厉害的女人很不幸。

离婚不需要找理由

上海女人花头多，原来也就是很作的意思，在对待婚姻时，上海女人花头依旧很多，却常常不是作，而是要求高，要求多。上海女人不愿意和某一个男人谈恋爱、结婚的理由很多，上海女人不愿意和某一个男人过下去而要离婚的理由更多，到了年轻的白领一代，甚至到了结婚找不到理由、离婚不需要找理由的地步。随着"上海女人"这么一个品牌在不断地被放大，随着上海这个文明开化的标志性城市越来越文明开化，上海女人越来越强调婚姻的白金含金量，也就是强调四九金小数点后面有几个九，越来越不能接受婚姻中的任何缺损。上海女人对婚姻的容忍度在下降。这固然是上海女人社会地位提高的必然，但是也和上海女人比任何时期更加张扬上海女人的做派有关。

上海每天百对夫妇协议离婚

本市离婚率逐年增高，2006年每天有102对夫妇协议离婚。且离婚夫妇趋年轻化，"80后"离婚群迅速扩容，30岁以下离婚的有5876对，占总数的15.71%。协议离婚的夫妇有37384对，比上年的30745对上升了21.59%，比2004年的27374对更是上升了36.57%。女性提出离婚的高于男性。

（2007年3月1日《新闻晨报》）

某女人在数年前被一个非上海籍男人迷倒,闪电式结婚了。结婚后男人所有的优点在继续发扬,但是生活细节上的缺点在暴露,尤其让女人无法忍受的就是男人不洗脚,就像《激情燃烧的岁月》的情节一样。妻子力图调教他,但是他就是阳奉阴违,如果他哪一天晚上主动洗脚,那一定是因为想做爱了,女人也只有在做爱的那一晚的卫生教育课才是有效的。更多的时候,男人就是不洗脚。女人作也没有用,嗲也没有用,吵也没有用。直至有一个晚上,男人没有洗脚钻进了被窝,一时兴起要和妻子做爱,妻子不从,叫他洗了脚再来,但是男人兴起时已经忘乎所以,霸王硬上弓。当夜,女人颓丧之至,她告诉男人:"两个选择,一个选择我到法院告你婚内强奸,这结果是离婚,还有一个选择是直接到民政局去离婚,没有第三种可能,绝对没有。"对于上海女人来说,男人花言巧语的嘴和干干净净的脚具有同样重要的意义,不能因为床下被你的嘴花倒,床上就必须忍受被你的脚熏倒。

有人不相信上海女人会为了男人的一双臭脚而离婚,但这是真实的案例。上海女人做不到像北方那女人一样端一盆水,蹲着为男人洗脚,也做不到听凭一双臭烘烘的脚在被窝中和自己纠缠在一起,尤其受不了在非清洁状态下的做爱。这就足以成为离婚的理由,而不是离婚的冲动。

结婚前强调的是门当户对,离婚前强调的是性格不合,如今要强调的方方面面实在太多了,甚至,性也直截了当地成了上海女人离婚的理由。2004年,上海市第一中级人民法院一份离婚案的抽样调查,唤起了舆论和专家的重视:除婚外恋、家庭暴力等原因外，性生活不和谐已成为上海人离婚的新理由，因"性"引起的离婚案件超过3%。面对法官的问询，有个提出离婚诉求的中年女人强调了不少理由，性格不合、家庭琐事等等。法官问，还有什么必须要离婚的理由？于是，女人轻轻地加了一句："他那个不行。"在第一中级人民法院当时时间段统计在案的159起离婚案件中，因夫妻一方生理有疾病，或性生活不和谐为离婚理由的有5件，占案件总数的3.14%，而主动提出离婚的都是女方。与此份报告相呼应的是，《男人装》杂志做了一次题为《2005年上海、香港、台北女性性爱调查》的调查，在对性高潮的期待部分中指出：在三大城市中，上海女性对性高潮的心理期待最高，体验描述也较为戏剧化，这可能与近些年某些文学作品、流行读物中对性高潮的渲染有关系，她们用"性高潮"来衡量一些性关系，其实是借用"性的不满足"来表达自己在性关系某些方面的不满足。在性技巧方面，虽然三地女性都比较倾向于把它当成男人的事，但是上海女性相对来说有一点点主动性，她们至少提到了自己在调动男人方面的问题。

　　上海的小女人是特别实在的，很多年来，上海从来没有涌现过这么一种令人尊敬的女人——写信给某位因公导致下肢瘫痪的英雄楷模，为此而千里赴他乡，要将精神上的崇拜延伸为肉体上的结合，要嫁给最可爱的人；即使是发生在上海的感人故事，最后也是一个外地的女孩因为感动而嫁给了一个上海的残疾英模。上海小女人对生理知识早就烂熟于心，就不会有这样的冲动。虽然上海一直缺乏很出位的性文化和前卫生活的公开倡导者，但是她们性生活的指标和要求是非常小康化的，甚至可以说就像她们买衣服一样认真和挑剔，这也就是为什么"他那个不行"已经成为上海女人终止婚姻的理由。

　　当然还会有更多不可理喻的离婚理由。上海女人，主要是小女人，差不多已经将婚姻视同于职业，将离婚视同于跳槽。凡是可以成为跳槽的理由，几乎就可以成为离婚的理由。不开心，不和睦，关系不对等，不尊重，甚至就是没有感觉了……与其婚不能心心相印，还不如离而独善其身，在独善其身中寻找"资产重组"的人选。有个段子说"30岁结婚和不结婚一个样"，本来的意思是说30岁的男女，不管未婚或已婚都有性生活；如果改变它的意思，就是30岁的男女，不管是否已经结婚，都有可能再结婚。30岁的男女肯定不会在现在的公司做到退休，30岁的男女有多大可能会对现在的婚姻自始至终？于是"再结再离"和"两离三结"（两次离婚三次结婚），就像听到他们跳槽一样不足为奇。有个小白领女人，早早结了婚，一点没有要变成大龄单身的意思，但是两年多后离婚了，真的就找不到你死我活必须离婚的理由。小白领女人说："就是没有感觉了。"

　　跳槽，再跳槽，离婚，再离婚；用当红炸子鸡来形容一点也不为过，阅历资本越来越丰厚，视野越来越开阔。直至有一天，伴随着自己跳槽能力下降，猛然觉得自己人老珠黄了，嫁不出去成为潜意识里的心理危机。如果说，一个熟女有资本选择任何一个男人，如果说一个淑女匹配了一个男人，那么花样年华稍纵即逝后，一个女人面临着被男人晾在旁边的落寞。一个女人说，这时候的自己，不是熟女，不是淑女，而是缩女。在沪语中，熟、淑、缩，读音一样，只是声调不同。缩女，就是缩头缩脑的女人，在任何一个场合，都只是缩在后头的女人。虽然有点夸张，也确实是心照不宣的危机。

如果将上海女人比作一堆篝火，那么上海这座城市就是助燃剂了。当上海使女人比别的地方的女人更加容易灿烂的时候，也意味着，上海也使女人会比别的地方的女人更加容易式微。当然这样的式微，是女人自己的感受，主要是过了灿烂年华之后旁观其他灿烂女人时的心态和遭遇。在上海，假如一个女人过了40岁，处于单身状态而又想建立一个家庭，几乎就已经像是买了彩票等待大奖了。

虽然"离婚鼓吹家"、主持人万峰的怒骂在网络上形成语录在流传，上海小女人也会推波助澜地传播，但是她们心里并不认同万峰。离婚是痛快的，但是离婚之后是痛还是快，万峰是不明白的。钦佩万峰有浪漫有正义，也有纯朴，但是显然不得不看到，他缺少对真实生活的零距离观察与辨析，思维方式过于简单，与当下的男女感情流变没有形成交流。

有一位女士，在自己的事业圈有相当高的知名度。离婚时，绝对的义无反顾，因为男人背叛了她，而且令她最最不能接受的是，男人是为一个各方面都很一般的女人而背叛她的。很痛快地离婚了，而且是容不得人家劝，容不得男人说一声道歉。刚离婚感觉是呼吸到了新鲜的空气，但是渐渐地就感觉只剩下了新鲜的空气，因为新的婚姻始终没有到来。她当然希望对方是一个相对成功的男人，不可能嫁给下岗工人的，但是相对成功的男人，不管是未婚的还是第二次结婚的，都将目标年龄锁定在35岁以下的女人，而且是未婚的女人；能够接受她的年龄的男人并且也是相对的成功,差不多是花甲之年,那又是她所不能接受的年龄。这就是上海女人的式微生活和式微心态。她曾经反省过自己离婚是否是最好的选择,甚至曾经心底有某一种期待:男人向她负荆请罪。

在上海,如果一个犯了感情错误的男人,向女人负荆请罪,女人是否会接受?或者因为别的原因离婚了,女人是否还会接受原来的男人再次共同生活的请求?

想到了"异化"这个词和这个词背面的意义。城市给予了女人更多的营养,比如学识、平等、自由、博爱,女人获得了充分的营养之后,也学会了用营养去征服(爱)城市、征服(爱)男人,而不是简单的被动者,这是第一个对于城市和男人来说的异化,关系被颠倒了。还有一个异化,当女人在异化过程中成了胜利者的时候,比如她可以自由离婚而不会承受社会给予她的后顾之忧之后,似乎她是自由自在了,但是真正受到离婚负影响的往往是女人,而不是男人。

在上海,一个女人足以单独地生活,这是上海的平和所在。但是在上海,一个女人很难完美地单独生活,这又是上海的不平和所在。因为单身,娱乐享受就缺损,而生活成本上升。如是看电影,单身女人走进电影院是有点尴尬的;如是逛街,女人是可以单独的,也可以是结伴的,但是一旦要买奢侈之物,比如钻戒、项链,比如名贵的服饰,女人不见得一定要用男人的钱,但是没有一个男人在旁边陪着出主意出钱,女人就显得无趣。既然不是要做一个钓男人的女人,而时尚娱乐场所又习惯成双成对,那么单身女人的生活只剩下了半边天——确切地说,是只剩下了"半边夜"。半边天是独立，半边夜是独孤。同时，在生活成本上，一个人需要水煤电房，两个人也只需要水煤电房，合而为一是最简单的道理。上海女人真不愧是上海的女人，是会算账的女人，而且还是精打细算的女人。与上海的高离婚率相辅相成的是，上海的复婚率也是全国最高的。2006年，上海办理的复婚夫妻4326对，比2005年增加了1025对，比起1994年的671对，要高出5倍多；而在北京，2001年办理复婚手续的夫妻仅40多对，大约是上海同期复婚夫妻的四十分之一。感情兜过来兜过去，就像是买了一件衣服不称心去退了，但是试试别的衣服还不如退掉的那一件，那就再去看看那件退掉的是不是还没有卖掉。

复婚率之高，来自上海女人服从于生活社会学和复婚经济学，也服从于过度紧张的生活状态。结婚有七年之痒，离婚则是三年之痛。痛定思痛则是觉得只想到了快而没有想到了痛，更是没有想到有些矛盾是可以调和的，有些经济困难和精神孤独是不可克服的，或许复婚也是一种选择。那位因为男人不洗脚而执意离婚的女人，离婚后双方都没有买房，只是在两居室分居，而且双方还有一个共同的愿望，不要让孩子知道父母亲已经离婚，于是他们还是在一张桌上吃饭，与离婚前的唯一区别在于不睡在同一张床上。几年过后，他们复婚了。

当然，比起更大幅度攀升的离婚率，复婚率极其渺小，更多的离婚上海女人不会复婚，上海的平和足以让她们自身高傲和完美。越是有文化有地位的上海女人，复婚的可能性越是小。

或许想一想上海女人的情愫，会发现是一条很奇特的曲线：上海女人谈恋爱是最嗲的，上海女人婚典是最神圣昂贵的，上海女人的性生活是最主动的,上海女人的婚外恋是最大胆的,上海女人的离婚动力是最强大的,上海女人的复婚要求是最广泛的。如果仔细分析这条奇特的曲线图,也当然会比股票K线图复杂而精彩,但是股票K线图往往就能够用来解释,诸如,低开高走,止损点,黄金交叉,涨停板,ST,资产重组……

/ 第五章

女人味：女为悦己者勤

/ 风情发生地
电梯，饭店，香港，阳台
/ 人影
张曼玉，冯秋萍，陈素任，赵薇
/ 语录
味道，檀香扇，懂经，规矩，绒线
/ 课题
上海女人的味道是从哪里来的？

巩俐没空买衣裳

　　电影《花样年华》拍的是 1960 年代香港的故事，但是感觉上是 1940 年代上海的故事。那个房东沈太太一口老腔的上海话，上海味道十足。这个老太太演员，是很有来历的上海女人，潘迪华，上海 1930 年代的红歌星，到了 70 岁高龄之后，还在出版自己的上海爵士唱片。潘迪华这一代人是上海女人味道的创造者，也是上海女人味道的传播者。她曾经对友人说："1951 年我初到香港，住在上海人集聚的北角。一到香港，我问香港怎么这么落后，和上海比起来，根本就是乡下的渔港么。"是潘迪华这样的上海女人，激起了香港人对上海的想象和对繁华的想象。

　　如果说潘迪华这个房东太太是上海味道的衬托，那么电影里的老式电梯和楼道，就是上海老公寓房子的标志。淮海路的妇女用品商店，原来的名字叫做培恩公寓，解放前是四大家族之一的孔祥熙的私产；9 层楼高，曾经是这一段淮海路的最高建筑，也是这一段少有有电梯的，那老式电梯和楼道，与《花样年华》中的一模一样。和平饭店保留了一个小电梯，供怀旧的客人享受，也是铁铰链门的。乘在这样的电梯里，就好像是从花样年华直达上海旧梦。

中国旗袍工艺将在上海"申遗"

上海将把旗袍的制作工艺申报市级非物质文化遗产。旗袍是清朝的旗人着装,上世纪20年代,经过改良之后的旗袍在上海妇女中流行起来。这种旗袍吸纳了西式立体剪裁方法,特别加入了连衣裙、晚礼服等巴黎时装元素,显得十分合体,在上世纪30年代,几乎成为中国妇女的标准服装,也奠定了它在女装舞台上的重要地位。

(东方网2007年4月1日)

"束身旗袍,流苏披肩,阴暗的花纹里透着阴霾。"这是张爱玲笔下的上海女人。旗袍是上海女人20世纪三四十年代不可或缺的经典之作。作为服装,旗袍第一次将女人的心情、自己的故事同整个城市、整个时代自然地连在一起,成了那个时代上海女人的一个标志。上海的沪剧,擅长将西方戏剧剧本嫁接为上海的故事,剧中人物大多穿西装和旗袍,便有一个别名"西装旗袍戏",也叫文明戏,是当时所有地方戏曲中唯一一个穿时装的剧种,而这也恰是当时上海的花样年华。所以当看到旗袍在电影《花样年华》中强化凸显,一名冷香端凝的女子,从头到尾被23件花团锦簇的旗袍密密实实地包裹着,在美艳之下紧箍着情感,不把她当作上海女人的故事都难。上海女人的味道,就像上海女人可以将北方清朝旗人的服装移花接木为上海女人的标志性服装一样,柔弱而有张力,而有坚持,而被羡慕却难以被模仿。就像赵薇在看到了《花样年华》里张曼玉的旗袍风情时所感叹的一样:"不是每个人都适合穿旗袍的。"

赵薇是不是在说巩俐不知道，但是巩俐确实不是一个很适合穿旗袍的女人。巩俐也有点不知所措："其实没有人帮我打理这些事，比如下个月要参加电影节了，我就找些推荐品牌新款的杂志来，从中挑选……平时又是这么忙……"2007年春天，巩俐去北京参加全国政协会议，她带去了一个有关环境保护的提案，但是巩俐进入人民大会堂之前对记者介绍这个提案时，穿的是皮草，是被公认为破坏环境、不利于动物保护的皮制品，引起了敏感记者的质疑。还有一个错误可能大家都忽略了，皮草作为一种高档乃至奢侈的服饰，是参加鸡尾酒会、舞会、大剧院的活动或者时尚地带的活动穿的，穿了皮草出席严肃的政治会议，是不恰当的。上海的奚美娟、辛丽丽、潘虹是不会犯这样的错误的。一个女人可以说忙，但是不可以因为忙就没时间打扮自己，忙，永远不是一个女人不打扮或者打扮不好的理由。

换了23件旗袍，可以看作是拍电影的需要，也可以看作是稍作夸张的生活。一个穿旗袍的女人，不可以只有一件旗袍，不可以每天出门都穿同一件旗袍的。旗袍换得勤，既说明这个女人旗袍多，派头大，也说明这个女人要清爽的，绝对不是懒惰女人、邋遢女人。

旗袍要换新的，饭店要吃老的。如果说旗袍对于上海女人，是一种历史的契合，那么上海女人在旗袍之外，依旧散发着自己特有的味道，让人憧憬。有个北京女孩子到上海旅游，即将结束游程时，有了唯一的遗憾："哦，唯一的遗憾就是没有去那家传说中的洁而精还是洁而雅的川菜馆儿。据说有一对老夫妻，成年都在那里吃饭，坐固定的座位，老奶奶行动不便，老爷爷年复一年日复一日地照顾她,两人恩爱如初,很是让人感动。这家餐馆儿的出名也与他俩有很大的关系呢。因为开始的时候没想到,想到的时候也没时间了,所以就没有去成。下次,下次哪儿也不去先奔那边儿去……"

一对耄耋老人,长期在同一家饭馆吃饭,可以成为全国性的新闻,可以成为全国性的旅游人文景观,也就只有在上海。因为这个故事背后洋溢着的一定就是上海女人的味道。

几十年去同一家饭店,坐同一个座位,是一种味道;把几十年吃饭的1600多张账单像纪念邮票一样地收藏着,也是一种味道。

这对老夫妻已相伴了69年,丈夫李九皋91岁,妻子陈素任96岁。1936年,陈素任作为粉丝,经常打进去听众电话,在无线电波中认识了电台英文音乐节目播音员李九皋。当时有条件打电话的一定是殷实的家庭,"陈四小姐"陈素任在学会了骑自行车、学会了开汽车后,向刚刚成立的中国飞行社缴了昂贵的学费,成为飞行社的第一批女飞行员,那是当时最新潮的事情了。2007年,女明星苗圃宣布将学飞机驾驶,而且有志飞越海峡两岸,一时间成为很热的话题,实际上早在70年之前,陈素任已经报名飞机驾校了。有一天陈素任去做头发,和店老板闲聊谈起喜欢的英文节目和主持人。老板随口接了一句:"这个英文主播是我的同学,你想见他吗?"于是,就像陈素任最喜欢点播的英格兰民歌一样,他们的"玫瑰人生"开始了。其间经历了生离死别,经历了儿子蒙难,经历了饥寒交迫,直至1980年代晚年安闲。老夫妇开始了一种新的生活,一种在20年后成为全国人文景观的生活。洁而精川菜馆就在他们的新居附近，50年代他们曾是这家饭店的常客。现在可能会觉得这饭店名字几乎就像是洗涤剂，在"文革"之前之后，它可是极其有名的川菜馆，"文革"前上海仅有的四名特级厨师中，就有洁而精的掌门人吕正坤。电影明星白杨、王丹凤这些演艺圈的明星也常常光顾。两位老人这一去洁而精，就成了他们每天晚上的必修课。后来，老人突发奇想，每天来，给自己算笔账吧，于是账单成了收藏。不久前陈素任老人摔了一跤，不能去了，洁而精不愿意失去这样的人文景观，于是每天派人用轮椅接送老人。

如果要说饭店味道，二十多年在同一家饭店，无论如何也会美食疲劳，但是这对相濡以沫老人的经历让人咀嚼出了他们的味道，是一种生活方式，考究的，有意思的，持久的。就像他们70年前刚刚相识时一样。上海女人的考究，是考究到了细枝末叶；细节决定成败，同样决定上海女人的味道；在同一家饭店吃二十几年，和在不同饭店吃二十几年是不同的感觉，保留了账单和不保留账单又是不同的感觉；考究是有意思的而不是无聊的，甚至还是有价值的，比如上海博物馆就将这些账单作过展览；有意思的事情往往在回首的时候会倍加有意思。如今一桌豪宴58万元都不再稀奇，因为它只有豪宴的味道，而没有涓涓溪流滴滴流淌在心头的味道。

有人听闻了这个故事后，忍不住说了句："两个老人怎么就会想得出来这么好的主意？"甚至还问自己："我为什么就想不出来呢？"问的人不懂了，这样的事情不是冥思苦想想出来的，冥思苦想也是想不出来的，这就是上海这个城市的积累，这就是上海女人细胞一次小小的裂变。所有的考究，是水到渠成后形成的生活态度和生活追求。所谓罗马不是一天建成的，上海女人的味道也不是一天就可以调制出来的。早在婚后不久的战乱年代，两位老人就已经很考究生活了。每个周末，李九皋和妻子总是会有恒定的活动，中午在外面吃中饭，然后在"大光明"看一场电影。吃过晚饭，去跳舞，一跳就是两个小时。几十年后的洁而精景观，只是他们考究生活的晚年版本。他们是在不经意地生活，我们是在经意地羡慕。他们是在考究生活，我们是在考究他们。

上海人饭店消费一年人均2826元

根据商务部最新公布的数据，2006年，我国餐饮消费全年零售额首次突破1万亿元，达到10345.5亿元，同比增长16.4%。分城市看，去年餐饮零售额超过100亿元的城市有18个，其中，上海连续两年拔得头筹，全年餐饮零售额为452.2亿元，成为"全国餐饮大市"。按照上海人口1600万计，人均饭店消费2826.25元。

（2007年4月2日《新闻晚报》）

再想一下，考究是什么？考究是把生活当作学问，每个生活细节都必须考察，都必须推究，一丝不苟。细节决定成败，考究决定品位。著名"七君子"之一的史良老人，就是一个考究的人，而且也要求别人考究。解放初期，她有事去朋友家——史良的朋友也当是生活考究的人，比如客人来多了，主人就会在玻璃杯上贴上一个小标签，用毛笔工整地写着阿拉伯数字，客人按先后依次而拿；但还是比不过史良的考究。许是茶喝多了，史良在这位朋友家去了洗手间,也没说什么。第二天下午,史良又去了,手里还提着两大包东西。史良被请进客厅,她把牛皮纸包往客厅当中的圆桌上一放,笑眯眯道:"我今天不请自到,是特意给你们送洗脸毛巾来的。一包是一打,一打是12条。这是两包,共24条。我昨天去卫生间,看了你家用的毛巾都该换了。"她转身对女主人说:"一条毛巾顶多只能用两周,不能用到发硬。"女主人的脸顿时红了,男主人也很不好意思。虽然这样的援助使人难堪,但是考究的人什么时候都不肯马虎。

张曼玉换了23件旗袍也就不足为奇了。一个人的脱贫是从嘴巴开始的,一个人的考究是从外衣、外貌开始的,也就是从面子开始的。有位上海女人在和老同学聚会时,顺手从包里拿出纸巾,她的纸巾不仅品牌略为考究了一点,而且纸巾上还有一个图案。一个老同学半是揶揄式的羡慕,半是不可理喻:"五秒钟后纸巾连废纸都不如,还要图案有什么意思?"而她的其他老同学们吃了饭还想把餐巾带回家里去。考究的原始动力就是作秀,那是等着人家赞美的考究,比如一件大衣,一条围巾,一款手表,一枚钻戒。只有完成了虚荣式的外表考究,而由外入内地讲究时,才是为了自己的考究。

像李九皋和陈素任老人的考究,是考究到了极致,而上海女人本来也就是将考究作为自己的生活定势。

上海的新天地,自成名起就流传着一个有关上海女人考究的美丽传说。那时候,新天地的开发人罗康瑞独自一人背着相机走进太仓路的这条弄堂,此时工期将至,看着人去楼空的弄堂,不免畅想起了未来"新天地"的无限风光。小弄堂里口,一位老太太还未搬离，看上去也就是天天买菜烧饭的寻常老人，她成了弄堂里最后的上海人。罗康瑞上前搭讪，老太太对自己即将搬迁唏嘘不已。她看见了罗康瑞背着的相机，便提出要和自己的老房子留影一张。罗康瑞欣然答应，老太太喜笑颜开，说要等一等，换身衣服就出来。这一等就是等了近半个钟头，罗康瑞早已在楼下等得不耐烦了，始见老太太迈步出来，却让罗康瑞觉得等得值得：眼前的老人，一身精致的小旗袍，头发篦得分毫不乱，脸上也施了淡彩，显得格外精神。罗康瑞看呆了，不由得暗自赞道："到底是上海女人。"见多识广的罗康瑞都被这么一种特有的女人味道所折服。

对上海女人来讲，这就是必须，就像张曼玉必须换23件旗袍一样。这个"必须"是她潜意识的指令，上海女人的生活就是这样。当年她们去做头发，一定是去南京东路的新新，南京西路的南京、丽美（后改名华安），淮海路的沪江，愚园路的美乐美（后改名百乐门），乃至于理发师傅也是只认一个的。看电影，总归是大光明、大上海、国泰和沪光四家头轮电影院，蛋糕总归是凯司令的奶油小方。有一位这样的老太太要过80大寿了，儿孙们热情为她操办，老太太特地关照了一件事情，红葡萄酒一定要软木塞的，记牢，一定不要塑料塞的。儿孙们告诉她，现在好的法国葡萄酒也很多是塑料塞的了，不仅环保，而且也卫生，不会细菌感染。老太太不高兴了："吃葡萄酒，我就欢喜里面是一只软木塞的，拉出来辰光'噗'一记声音也好听，否则也不叫葡萄酒了；嘎许多年数，也没听到过人家吃葡萄酒吃坏脱的。"这种话题，老太太有自己的哲学，一点也不容分说，就像她至今出门一定要带一个包,虽然一定有小辈陪同,什么东西都不需要她带的,包括钱包括房门钥匙,老太太一定要带的。后来还是她的孙子为她解了围:"包里没么事(东西)很正常,英国女王出门也带包啊,她包里也不会有啥么事。"英国女王也是可以作为上海女人的参照来佐证的。

女人味道的配方

有一个传说,某夜总会生意奇好,时间长了便传出生意奇好的原因,实际上也可以看作是夜总会在做口口相传的广告:那里的小姐都是上海女大学生。上海女子已经是不得了的事情了,况且还是上海女大学生。传说便当它是传说,为什么要把上海女大学生当作传说的对象呢?不是在侮辱上海女大学生,倒是在美化上海女人的味道。

人可以貌相,上海女人是看得出来的;人也可以闻香,上海女人是有上海女人味道的。考究既是上海女人貌相的一部分,也是上海女人味道的一部分。所有的考究都是味道的洋溢,所有的考究都让人耳目一新。一个女人有女人味道是优点,但是一个上海女人仅有女人味道还不够,还要有上海女人的味道。

如果说,上海女人的肤色是漂白粉漂出来的,如果说上海女人的身段是旗袍穿出来的,那么上海女人的味道是怎样来的?是香肥皂擦出来的,尤其是用檀香皂擦出来的。虽然这是戏话,但檀香皂代表了西方的文明,应该是美国夏威夷首府檀香山人用的肥皂了,因为夏威夷常温就是二十几摄氏度,不仅需要洗澡,而且还需要用香味来驱赶汗臭、蚊子和臭虫,所以那里的肥皂在上海用来洗澡一定也是很好的。这大概是很多年上海女人喜欢檀香皂的原因。也可以说上海女人的味道是檀香扇扇出来的,道理和檀香皂是一样的。可以考证的是,夏日在上海女人的坤包里,檀香扇是必备的,到了人家的家里,到了美发厅,到了戏院,到了饭店,檀香扇远远比不了金戒指的价值,但是没有檀香扇,金戒指也没有了价值。当然后来的香水扇是不入流的,它的味道是喷上去的,而不是檀香木本身的清香。

上海女人的味道确实是有别于其他地方的女人。当然会有人以为,上海女人的考究也太繁琐,做一个上海女人其实是很吃力的,所以上海女人的味道可以说是花了几十年熬出来的。这样论点去求证像潘迪华这样当年的淑媛,她们会淡淡一笑,也不反驳,却让你听出她们的意思:每日换件旗袍又不吃力格啰,就像每日要揩面一样格呀。上海女人才不这样认为,这么开心地做女人,怎么会像是熬药一样地熬出来的?如果上海女人的味道一定是要与火有关的话,那么毋宁说,上海女人的味道是煲出来的,就像是广东人最擅长的煲汤。煲汤的概念,一是时间长,二是营养好;文火,慢慢地煲,味道都在里面,营养都在里面。

上海女人的味道还真像是煲出来的。这一煲,就是煲了八九十年,更重要的是营养成分很多。

有一张1914年的照片让我们看到了这么一个女人。那还是英商上海电车公司的无轨电车刚刚开到马路上的时候,一个上海女人,应该就是一个学生,穿的是改良的旗袍,从飘扬的旗袍后摆露出一截小腿正要上电车;有什么依据说她应该是一个学生?因为她手执一卷报纸(《老上海》,江苏美术出版社)。这么一个优雅的动作,虽然不是上海女人首创,却是在上海最最蔚然成风的,乃至到了1980年代，还是经常有小巧玲珑的女子手执报纸杂志在马路上款款而行，甚至可以成为男女首次约会的暗号。上海女人味道的第一个成分，是读书和学识，知书达理，但这只是最最基本的成分，不具有上海女人的唯一性。

第二个成分是开洋荤。在1950年之前，上海的时髦物品都以洋字开头，洋伞，洋火（火柴），洋瓶（玻璃瓶），小洋刀，洋囡囡，洋泡泡；还有许多干脆以沪语的音译命名，门锁叫司必灵，床垫叫席梦思；沙发这个词，显然沪语"梭法"更加接近英语的读音，"沙发"已经是普通话对沪语的转译；维他命（维生素），盘尼西林（青霉素）的音译也是如此；甚至连土豆也被冠名为洋山芋，至于洋葱，都已经数典忘祖到了没有了它的中国名字。伴随着一连串的洋文，那就是洋荤，是西方物质文明在上海的遍地开花；在遍地开花的时候，西方的精神文明是花蕊，是来年的种子。"春江水暖鸭先知"，上海女人便是最早感觉到春江水暖的小鸭了。上海女人懂经，上海女人见世面，连学开飞机都有了，当然不会被汽车喇叭吓得趴在地上了；上海女人熟悉好莱坞，并且从中学来让人喜欢的内容。有一个词是可以定义上海女人的，那就是洋派，也可以叫做洋气，兜来兜去的一个"洋"字，正是上海女人有别于其他地方、而又被艳羡的核心竞争力，比如三四十年代电影明星群体，至今还没有任何一个年代任何一个地域重复诞生过，阮玲玉、周璇、白杨、舒绣文、上官云珠、秦怡、张瑞芳、胡蝶……她们在当时集束性亮相的意义，不仅与电影的发展有关，也是被洋风劲吹吹出来的。与这一代明星仅仅是隔了一层窗户纸的就是普通的女学生了，也许她们的一个女同学就是捅破了这一层纸成了电影明星，也许另一个女同学就是捅破了这一层纸而当上了作家，那就是张爱玲。

虽然洋风洋气随着时代的波荡而时强时弱，甚而有时候微乎其微，但是上海女人的洋气可以得到自我培养。一直到几十年后，上海女人会将西哈努克的夫人莫尼克公主的妩媚微笑当作自己微笑的摹本，她们会拿着外国电影画报去理发店要求理发师按照画报里女主角的发型做一个头发。对洋荤的热衷，一直是上海女人情不自禁而戒不脱的瘾。

女人不仅直接品尝到了洋荤，而且还从男人品尝到的洋荤中，意想不到地提炼到了精华。那就是上海男人普遍地接受了西方的修养之后，从乡村男人脱胎换骨为城市男人，资本家比起地主来，一定是有修养的，有文化的；绅士的意识，绅士的行为，也在洋化的上海男人中成为时髦，成为笼络小女人、洋学生芳心的新式武器。

当女人没有文化的时候，当社会没有文明的时候，男人只需要权和势，只需要霸王条款，就可以占有一个女人；而当女人有了文化的时候，女人就不愿意被有权和势的男人任意地、粗暴地占有，她们愿意自己是灰姑娘，但希望男人是白马王子，她们希望自己和男人可以一起享受这个城市的文明。她们的女人意识被城市文明彻底唤醒的意义，并不仅仅是反抗男人，也在于焕发了自己，作为女人的魅力，女人的情调，女人的性感，女人的娇柔，女人的知性，得到了空前的开化。至于男人，当西风东渐、文明昌盛的时候，男人看到的是全新的女人，原有的男人之于女人的霸王条款虽然还在通行，但已经不是流行的版本，尤其对于接受了西方文明的男人来说，他们逼迫自己学会了风度，学会了艺术欣赏，学会了情调，学会利用上海这座城市提供的时髦去俘获女人，学会用学堂里学来的民主自由来关爱女人。

当男人渐渐绅士以后，与此互为因果的便是女人的渐渐淑女，唯其淑女，才会有绅士看得上，才会有白马王子不经意地出现在身边。当男人渐渐绅士以后，女人不必对他们唯唯诺诺，唯命是从，因为她们知道绅士的男人不喜欢这样。男人和女人之间的生活、情感，充满了嬉戏，男人像蟋蟀一样，需要有一根须草逗他们玩，引他们开牙，女人便是这么一根须草。也就是在这样的时候，上海女人的嗲，上海女人的作，上海女人的娇柔，上海女人的温婉，上海女人的含蓄，上海女人的适宜，合成为一种与其他地方女人不同的味道，那就是上海女人的味道。

女人的味道是女人和这个城市的化学反应。经常会听说，在中国各地方的女人中，最接近巴黎女人的是上海女人，最接近伦敦女人的还是上海女人。这意思是说，上海女人和这两个城市的女人具有共性。与国内其他地方比较，上海女人最广泛最长久地接受了城市文化、城市文明的熏陶，也就是说，上海女人的味道，实际上是城市文明的味道。

从小生活在贵州的电影导演王小帅，曾经这样评价自己与上海的关系："我记得当时去上海，你的鞋不干净或衣服邋遢，你在那个环境里就特别不舒服。在那时你就会自动地想不行，我要赶快有钱，置上一身好行头，我要高雅起来。"(《收获》2007年第1期)王小帅说的是自我修养，是城市文明对一个个体无言的指令和有形的影响。在贵州的时候，他不会这么想，到了上海，不可能不这么想。对于男人是这样,对于女人来说,更加如此。

"我欲因之梦寥廓,芙蓉国里尽朝晖。"因为有芙蓉国的朝晖,才会因之梦寥廓。假如没有外滩,没有淮海路,没有法式的复兴公园,没有此起彼落的别墅和公寓群落,没有游泳池……有味道的女人需要寻找有味道的地方,有味道的地方,需要有味道的女人。上海女人可能和宁波女人、南京女人没有太多的区别,是上海这座城市无言的指令和有形的影响,塑造了上海女人。

城市文明好像是一个水晶球,有充实的内涵,却收敛了毛糙的外在,甚至包括喜怒哀乐。

就比如说《花样年华》中张曼玉扮演的苏丽珍,明明已经知道了丈夫的不忠,觉察到了周慕云妻子手里的包就是自己丈夫送的,觉察到了自己丈夫每天戴的领带就是周慕云的妻子送的,但是面对周慕云,就是不首先挑明。只是等到周慕云也很艺术地提及了自己的怀疑,苏丽珍才好像是很随意地说了句:"其实,我先生也有条领带和你的一模一样,他说是他老板送给他的,所以天天戴着。"当周慕云告诉她他的太太也有个皮包跟她的一模一样时,苏丽珍仍旧是不紧不慢地说:"我知道,我见过……我还以为只有我一个人知道。"

上海女作家周怡倩,擅长写温婉含蓄而略带伤感的情感随笔,上海女人味道十足。她写到过的一个上海小女子,有着和苏丽珍相似的味道。在哈根达斯,一对感情已经勉强的男女相视而坐,为讨吉利,男人为女孩子点了一份"天生一对";女孩子外语好,顺便看了看"天生一对"的原文,知道两人的感情走到了尽头,因为那段外语直译的话,就是"一分为二"。

这样的感情表露，看上去是清风徐来，水波不兴，一切尽在会意之中。

"花样年华"和"天生一对"毕竟是艺术的创作，还不足以完全说明上海女人温婉的修养，可以再来看一下"洁而精"老夫妇中陈素任的一个细节，不得不敬佩老人心底的修炼。

"文革"时，陈素任的丈夫被关起来了，刚刚毕业分配在瑞金医院当医生的大儿子因父亲的"问题"受到了牵连，他不堪迫害，结束了自己的生命。医院派人告知这个噩耗时，陈素任正在家里剥着毛豆，她一听愣住了，缓缓地对来人说了一声"谢谢你"，然后低下头去继续剥毛豆。等到一堆毛豆都剥完，她用手去拾空豆荚时，眼泪才"哗"地全数涌了出来。"谢谢你"三个字，在任何时候都是最容易说出来的，但是对着告知儿子噩耗的人，说出这三个字，需要的不是力量，不是勇气，而是上海女人的修炼。这种修炼在她年轻时，已经扎根在她心底，已经贯通在她血液。想象一下，如果陈素任没有文化，而且是生活在小镇小村，听到噩耗，那就是抱住了来人狂哭：还我儿子啊！接着就是头撞墙欲死还休。以至于当时医院的来人听到了"谢谢你"后，不知道该再对老人说什么，也不知道自己是该走还是该留。

可以这么说，上海女人的味道里面并不全是浮华，并不全是嗲和作，还有矜持。上海女人的矜持，蕴含了城市文明培养出来的人文修养和人文力量。这么一种味道，确实不是热火快炒就能烹饪出来的，而是需要文火，慢慢地煲。

规规矩矩做人

上海女人的味道还在于,洋派起来比谁都洋派,但传统起来比谁都传统,在洋派和传统之间,上海女人就是那么欢乐地游弋。这个传统,就是规矩。

年初一,年逾 80 的老太太会比所有人都早起,然后梳洗,念经,检阅一下昨天晚上地是不是扫干净了,桌子是不是擦干净了,果盘和糖果是不是准备妥帖了,其实她知道一切都已经准备好,然后一身整齐,戴上助听器便坐在自己的房间里。在儿孙们拜年之前,老太太是不出自己房间的,也对,她已经是最长者,理应摆一点派头的。一直要等到所有儿孙辈都拜过年了,她才会到厅里入座。谁要是稍稍晚一步,老太太也不会生气,只是会稍稍说一两句的:"老早阿拉做媳妇的时候,这么晚拜年,阿娘就要不开心了。"

老太太是宁波籍上海人,宁波阿婆规矩多。过年了,家里米缸一定是满的。春节里是决计不可以揭开米缸盖子脱口而出"啊哟米没了";裤子是决计不能洗不能晾出来的,因为"裤"和"苦"谐音,倘使那条裤子还是湿的在滴水,晾出来那就是"苦嗒嗒滴";要避讳的还有塌菜,沪语叫做塌库菜,再转译成普通话,就变成了"太苦菜"。

上海这个城市是很独特的。最早在上海建立起市民文化的是来自富庶地方的移民，富庶的地方家教严、规矩多，尤其是宁波绍兴一带；另一方面上海最广泛、最深入地接受了来自西方的文明。所以在上海洋气有多重，规矩也就有多重。当现代洋气和传统规矩这一对矛盾的、不兼容的生活理念，同时放射到上海女人身上时，奇妙的反应出现了，它们最终成为上海女人味道的不可或缺。如果只有洋气，那么上海女人就会是野蛮女友；如果只有规矩，上海女人就会是乏味的女人。

上海女人追求洋派洋气时，她是一个"我要，我要，我要要要"的女人，要新派，要时髦，要跳舞……但是当上海女人恪守规矩时，她是一个"我不，我不，我不不不"的女人。"要"是上海女人自己选择的，"不"也是上海女人自己选择的。

上海女人是在数不清的"不"中成长为上海女人的，这个"不"，是上海女人的规矩，却也正是上海女人的优雅，矜持，大方。

笑不露齿，行不露脚，说话慢吞吞，不要急进风，不吵架，不炫耀，不沮丧，不张扬，不插嘴，不失态，不唧唧呱呱，不哈哈大笑，不高谈阔论，不张牙舞爪，不手舞足蹈，不先动筷，再好吃的菜不连夹两次，路上不吃零食，吃东西不可有声音，即使在家里也不穿拖鞋片，坐如钟，站如葱……这些规矩，小时候因为还没做好，是吃过爷娘的毛栗子的，到了长大、出嫁，待人接物时，已经习惯成自然，要想不这么做都觉得难为自己，就好像天天刷牙的人，哪一天不许她刷牙，她都受不了。反过来从小不这么规范，长大成人便是另外的风格。比如洪晃的父亲是上海人，在洪晃身上，也许可以说她是大人物有大气派，但是上海女人的味道是找不到的，因为她是喜欢高谈阔论的，她是喜欢手舞足蹈的，她在电影《无穷动》里哼哧哼哧地啃鸡爪，蛮像她本人的风格。

《花样年华》里张曼玉对房东太太道了多少次谢，是太小的事情，也许我们都太看重她的23套旗袍了。但是张曼玉有一个习惯性、而且很重要的形体动作，也许也被忽视了：不管是在什么场合，张曼玉的肘关节一直是微微弯曲的，不伸直的，有一个美丽的弧线；估计张曼玉在现实生活中也是如此的优雅和柔顺。其实所有有修养的上海女人，在社交场合，她的肘关节总是微微弯曲的。以前商店还没有开架销售的时候，隔开柜台，女人指着一块布，那手也决计不会伸得老长老长，弯曲着肘关节，微微一指就可以了。

80大寿的寿宴上，儿孙们问老太太，那段很困难很煎熬的日子，为什么可以做到心如止水。老太太想起了那时候。一个人坐在阳台上，也不开灯，就是月亮光这么一点光亮，谁劝她都没有用，就是一个人坐在阳台上。80年代初的上海，夏天还有全市统一烟熏蚊子蟑螂的卫生运动，家家户户在统一的时间，关闭门窗，在房间里把敌敌畏倒在报纸上，让敌敌畏通过燃烧灭杀蚊蝇，二十分钟后开窗，灭蚊效果奇好，但是把人也呛得轻微中毒，有老年人就此一病不起。所以那天晚上许多人会到公园去避难，草地上铺一张塑料布，带几瓶橘子水，也算是消暑。但是老太太是从来不去的。二十分钟后，家家户户窗都开了，敌敌畏的气味就在弄堂里弥散，老太太还就是坐在阳台上。一把旧藤椅，藤已经是暗红色，老太太闭目养神，不看天不看地，手里一把芭蕉扇似扇非扇，藤椅旁是一张四脚凳，凳子上有一块小毛巾揩汗，一只半导体，正在唱蒋月泉的《玉蜻蜓》。说来奇怪，很多有文化的宁波籍上海女人并不喜欢家乡戏宁波滩簧，倒是喜欢苏州评弹，大概就是喜欢苏州评弹的静。除了"文革"时候没有评弹，老太太每天会听一档书的。蒋月泉、张鉴庭、张鉴国、杨振雄、杨振言、徐云志、徐丽仙、朱雪琴……当然最喜欢的就是蒋月泉了。邻居背地议论说，到老了还是小姐派头啊。老太太是放不下架子和邻居在公园草坪上乘风凉的，其实老太太也不是放不下架子，而是不习惯。人以群分，她不习惯和人家一道轧闹猛，因为她和人家面熟陌生的，也没有什么话要讲。如果一定要去，那么她必须穿戴整齐，她是不会穿了拖鞋出门的，但是这样会和人家更疏远。

有一段时间弄堂里有电视向阳院了，一弄堂的人围牢一只电视机，当然老太太是不会去的，她还是坐在阳台上，听苏州评弹。唯一一次是毛泽东去世，规定人人要去弄堂向阳院看电视，老太太也就是站在最后面。

像老太太一样的上海女人很多。她们不仅是矜持地生活，而且也是勤劳、聪明地生活。在"文革"时期，她们依然顽强地保留着自己的个性甚至癖好，衣裳可能是旧的，但是花头一直是在翻的，将白衬衫的领头翻到藏青两用衫的外面，据说就是上海女人的发明。既中规中矩，又是一抹亮色。

上海女人成了一种符号。但是这个符号会给人一种错觉，好像这个符号必须与浮华有关，必须以浮华作为先决条件。实际上，上海女人之所以成为上海女人，不是靠浮华浮起来的，是靠做一个勤快的女人做出来的。这是上海女人的另一大规矩。很多人更多地是看到上海女人深谙"女为悦己者容",但是很少人明白上海女人更加精通"女为悦己者勤"。

在我的博客上,有位网友认定我不是上海人,而且我的妻子也在被怀疑之列。理由在于我一不小心将自己的外地人身份暴露了出来。我在一篇博客中写到了上海女人打扮自己善于多快好省,衣裳多,翻花头快,穿的样子好,还省钱。比如结绒线,看着她们兜里好几团颜色不一的烂绒线,都是旧绒线衫拆下来的,但是要不了几天,烂绒线团变成了一件花绒线衫,这花样还是女人们自我设计、并且互相拷贝的。网友说,上海这一百年里就没有人穿过绒线衫,都是穿羊毛衫羊绒衫,一百年来上海女人也根本不会结绒线,结绒线都是外地尤其是乡下女人的事情。

天哪!这位网友真是将上海女人看作是月宫里的嫦娥了。她真不了解上海女人,结绒线对于上海女人,可不是苦役,而是享受,可不是琐碎,而是繁花,可不是无聊,而是兴趣。上海女人早就通过结绒线衫实现了行为艺术和DIY(Do it yourself 自己动手)了。

我给妻子看网友的评论以及由此引起的口水大战。妻子说:"你应该在博客上贴几张自己以前穿绒线衫的照片上去,那一件棒针衫还是我给你结的,只不过十几年前的事情,现在看看是像乡下人,那时候还是很时髦的;或者你去拍几张绒线店的照片,证明一下上海现在都还有人买绒线结绒线。"

那一件棒针衫至今还珍藏在箱底,而且在什么抽屉里,一定还保留着至少十几根粗细不一、长短参差的绒线针,竹子做的。

不仅仅是我家,相信几十年来的上海男男女女的感情传递,绒线衫一定是少不了的。按照当下的理念,绒线衫还有许多的寓意,爱情需要穿针引线,需要编织,需要温馨——绒线衫都齐全了。

我并非想要据理力争证明我是上海人,那是无聊的,但是我想证明上海女人的生活绝非是像那位网友想象的那样。

在最高档的淮海路就有好多家卖绒线的店,妇女用品商店是肯定的。在它的对面,有一家很大的百货商店,有名牌绒线的专柜,当然还会有牙刷、牙膏、香肥皂、木拖片、压发帽、纽扣、针线、阳伞、书包,百货商店是日常生活最细小的需要,卖的百货很杂,却有个气派的店名:麒麟百货商店。千万别以为淮海路仅仅是布满情调与小资,清一色最高档的消费与消遣,日用百货吃喝拉撒,是更直截了当的人间烟火。上海女人就是食人间烟火的女人,只是这么些年来,"上海女人"在当作一个品牌被传播的时候,她的所谓优雅、格调被失当地放大,而上海女人俗常生活的本身,则经过滤色镜的处理变得朦朦胧胧。好像上海女人每天早上都在困懒觉,下午都在打麻将,晚上都在孵咖啡馆泡舞厅看电影,旗袍高跟皮鞋,至于结绒线似乎就应该是乡下女人贫瘠潦倒、低声下气的生活。上海女人真不是这样,也不是这样想的;贤妻良母才是上海女人的底色。而且上海女人善于将结绒线看作是贤妻良母的本领,而后便提升为休闲和品位。一个上海女人的绒线衫,结了拆拆了结,一生也是在绒线衫的花样年华中悠然度过。虽然结绒线再怎么说都是一种辛苦,但是从未听上海女人埋怨过,倒是常常可以看到她们为自己的杰作沾沾自喜,每一件绒线衫都是虚荣心的一次满足。要是一个女人不会结绒线,那倒是惭愧的。

这位网友还不知道的是，上海女人不仅会结绒线，而且时势造英雄，上海还出现了一位绒线编织大师冯秋萍。

冯秋萍和上海最著名的绒线店"恒源祥"有鱼水之缘。诞生于1927年的恒源祥是贵族名媛小姐们的最爱。上世纪三四十年代的恒源祥极尽了上海女人的美丽和娇媚。这里有风靡上海滩的号称软黄金恒源祥毛线，还有编织大师冯秋萍坐店授艺。著名影星周璇、秦怡、王丹凤都是冯秋萍的客人，那些时髦的太太小姐更是将她围成一团，她成为喜爱编织的人们心目中的偶像。曾经有过一本杂志，封面照片就是冯秋萍在手把手教秦怡结绒线。

有一组简单的数字很能说明冯秋萍的影响之大之深之久远。1934年，冯秋萍开办了"秋萍编结学校""良友编结社"，长达5年；而后在上海广播电台授教编结技艺，受聘为好几家绒线厂商的编织顾问，创作设计了大量造型别致、针法新颖的绒线衫，出版专著30余本，形成一股独特风格的绒线服饰时尚，由此促进初期国产绒线厂商事业的迅猛发达。解放后，冯秋萍应邀在上海人民广播电台执教编结技艺；1983年上海电视台拍摄《冯秋萍绒线钩针编结法》系列讲座40讲，同步发行教材150万册。上海女人没有不知道冯秋萍的。

这就是上海女人的"女为悦己者勤"。绒线衫不仅是给自己结的，也是给老公和孩子结的。老公和孩子的绒线衫一定也是在不断地拆拆结结的，如果哪个男人或者孩子绒线衫的袖口破了还可以抽出一段毛线，那么人家不会说那个男人或者孩子怎么怎么，而是说那个男人的女人或者那个孩子的母亲怎么怎么。所以会现代女红也是上海女人的规矩，也是上海女人的清高。以前孩子们拍照都是脱了外套穿了绒线衫拍的，甚至家里的杯垫和无线电的披巾都是一针针钩出来的（用的是不锈钢钩针），那是上海女人为自己留下的艺术人生。羊毛衫只是近二十年左右撑起了市面，但是即使如此，绒线和编结在上海女人中仍然有独特的魅力，可以称得上上海最昂贵的绒线编织社，开设几个最高级的商厦里。

在论述到张曼玉的上海女人味道时，或许有人觉得牵强，但是张曼玉本人为自己的上海女人味道作了行为注解。42岁的张曼玉开始学熨衣了。2004年获得戛纳影后后，张曼玉的生活如同省略号，除了浮光掠影地在时尚颁奖仪式和品牌活动中亮相，全都埋没在欧洲散漫的生活中不露声色。洗菜煮饭，缝纫裁衣，做一个恋爱中的小妇人，大概是张曼玉40岁后的全部理想。"我现在的生活过得十分写意，闲时我躲在家中学缝纫或熨衣服，这是我过去20年来从没有时间做的事。多谢上天让我在年轻的时候赚够钱。我20岁没有时间做到的事，现在42岁才做到。"

如果说结绒线、熨衣裳多少还是主妇的感觉，还有小康之家的味道，那么还有一些家里的事情，琐碎、龌龊，即使让佣人做也完全在情在理，即使出钞票叫人家做也不算是甩派头，但是有一些家庭的女主人就是喜欢自己亲自做。不要以为她们没钱或者吝啬，绝对不是，她们是真正的大人家主妇，做出来的事情却常常"小家子气"。杨鉴清女士是已故国家副主席荣毅仁的夫人，年轻时是大家闺秀，结婚后则是典型的东方贤淑夫人。荣毅仁在世时，每天，杨鉴清总是把荣毅仁第二天要穿的衣着安排得妥妥帖帖的。她说："每天晚上都是我自己动手给他擦好皮鞋的。""为啥你要亲自擦？你家里不是有阿姨吗？"有人不解地问道。"皮鞋油不能擦多了，也不能擦得不匀，我总是薄薄地匀匀地擦上一层，这样穿起来就不会弄脏裤脚管了。"杨鉴清又说："他的皮鞋穿后，每天晚上都要给它用鞋楦楦好。他的衣服天天换洗，天天熨。衣着若是保养好了，穿得省，一点不浪费。他的衣服、鞋子都像新的一样，一年只要添一两双鞋子就够了。"荣毅仁退休后，偶尔有老同志或旧友、下属来看望，杨鉴清还会亲手递上一杯龙井茶。这就是典型的上海大家闺秀、大人家主妇的生活细节。亲自为自己的先生做一点，亲自为自己的家庭做一点，是一个女人的修养和精致。曾经有人探讨有钱人和富人有什么区别，那么就只要看看杨鉴清为先生擦皮鞋、为客人递茶就明白了。

曾经在男人身上有一个细节，既是看男人是不是有派头，也是可以看得出他的妻子是不是贤妻，是不是很看重男人在外面的体面，那就是男人的一条领带。男人的领带，假如他的妻子是有足够的贤惠和足够的品位，当然是妻子每天晚上给他准备的，不仅需要勤换，而且还需要熨平。假如一个男人虽然戴了领带，却是皱巴巴的，人家背后会说，哪里还是领带，差不多可以去扎拖把了。

女性礼仪课受到学生热烈追捧

吃西餐时的刀叉怎样摆放？赴宴会如何穿着才得体？这些似乎离中学生活很远的礼仪规范，最近作为一门选修课走进了市三女中的校园，受到学生的热烈追捧。

昨天，市三女中的"淑女课程"介绍的是吃西餐的基本礼仪。

淑女的坐姿、走姿、如何表达笑意……以后一年间，学生还将陆续学到各国的礼仪规范。

（2004年12月17日《新闻晨报》）

上海女人，从小时候拿了两根棒针一团毛线扮家家开始；现代女红随着这一团毛线而成为她们的情结，女人的规矩是用两根棒针编织起来的。上海女人的规矩与上海女人的洋气相容互动。上海女人恪守的规矩，更多的是一个淑女的必修科目。当西风东渐的时候，所有的规矩，不但没有水火相克，而是相得益彰，中西合璧。

正因为上海女人味道诱人，所以保持住上海女人味道的原汁原味，不仅是上海女人的心愿，也是上海的需要。2004年，历来以培养上海知性淑女的重点中学市三女中，开设了"淑女课程"，就是要把原来完全家庭化的家教社会化。

闻香识上海女人味道，识的是上海小女人的来龙去脉。上海女人是受到有文明意识的男人关爱的，上海女人是受到这座城市关爱的，上海女人是知书达理的，上海女人是懂规矩的，上海女人是在"不"字中长大的，上海女人是以"勤"相悦男人的……上海女人几乎所有的生活、性情、理念的走向，都是娇小的、纤细的、温婉的、含蓄的、矜持的、柔美的。所以上海女人的味道，就是上海小女人的味道，而小女人中佼佼者，就是大家闺秀了。

/ 第六章

女人气：不怕多情，就怕失情

/ 风情发生地
亭子间，书房，舞厅
/ 人影
滕佳，青红，格子间老师
/ 语录
煤气，轻骨头，老姑娘，神经质
/ 课题
上海女人为什么不生气？

失情的女人

1991年，人们的心绪要比现在平和得多，生活基本上处于"清风徐来水波不兴"的状态。尤其是文艺界、文化界，还备受尊敬。

也就是在这样温和的日子里，一个上海家喻户晓的女人开煤气自杀了。滕佳，上海人民广播电台"点歌台"主持人，差不多全上海的年轻人都是她的粉丝，当然那时候不叫"粉丝"，而是叫"滕佳迷"。滕佳在"点歌台"里的角色，不仅要满足听众的点歌要求，更重要的，也是足以使她成为上海最耀眼的公众人物的原因，是她在节目里为青年人感情解疑释惑，娓娓道来，指点迷津。要知道，当时的媒体还很苍白稀少，况且主持的是娱乐益智节目，滕佳的知名度，要超过现在上海任何一个媒体主持人，每天都有成千上万的滕佳迷写信给她，电台的传达室每天要用麻袋来装信。但是滕佳没有能够为自己找到一条生路。这是继1980年著名译制片演员邱岳峰服安眠药自杀之后，上海第二个名人因情而逝，那一天是11月1日。如果说，邱岳峰的自杀是因为传说中的无法对多情的解脱，那么滕佳则是因为无法对失情的挽救。

当时的上海完全弥漫着对滕佳的悲伤。作家陈村写了《回忆滕佳》，直至今天读这篇文章，不仅读到的是滕佳自杀的缘由，而且也是读到了滕佳这么一个上海女人——

"滕佳总是装束得整洁新颖,定时上美发厅,死前不久还为自己买了近三百元钱的一件砂洗真丝的风衣。唐颖带着滕佳来找我。我知道她但不认识她。滕佳带着微笑走进我的书房。唐颖带她来是希望我劝劝她。

"我不清楚为什么她的爱如此刻骨铭心,欲罢不能。她为此付出健康,幸福,自尊,还有生命。在那些心力交瘁的日子,她依然工作,以此获得暂时的解脱。她爱惜自己的名誉,为此不惜屈辱地退走。她曾准备以死相拼,却寻不到对手。她和我说话时常常有'太过分了'的说法。滕佳已经准备接受过分。但既然过分就很难有个界限。

"如果有准备地上我家,滕佳总带些小礼物。一瓶矿泉水或一些零食。我的碗橱里至今还有滕佳给的藕粉。我劝她不必,上我家的朋友都不带东西,下次她还是带来。一个心理严重失衡的人,还这样周到地顾全人情世故。她总是坐得很晚,为此曾担心我的女友会不高兴。她们是朋友。我说不会的,你放心坐着吧。我说滕佳是个善良的人,自己的家庭即将不复存在,却还关心别人的和睦。我坐在我专用的藤椅,她靠在沙发上,疲惫不堪的样子,却问我累不累。我说不累。我说滕佳你就别管别人了。她总是沉默一会,然后激动地说着,后来就疲惫了。有时我打断她的话,问问她的工作情况或别的,她回答后又回到那个话题。她总是在说丈夫。一个被人们视为成功的令人尊敬羡慕的女子,竟然泣不成声,她的整个心态与其说是想损害他人不如说是在和自己为难。她的眼神有时恍惚着,心好像远去。

"滕佳说：'他不知道回来了没有。大概回来了。我要回去了。'我将她送到楼下。新村的楼在深夜像一头头漆黑的巨兽。她朝黑影走去，慢慢地成为一个黑影。半小时后，滕佳给我打来电话，说已到家，要我放心。'他还没有回来。'说完她就挂了电话。有谁知道一个女子在深夜等待应该回家却没有回家的丈夫的心情吗？在那些相对平静的日子里，滕佳从我的视野中消失了。她似乎没再对朋友长久地述说。该说的话已经都说了，接下来是滕佳的选择。我们熟悉的手段是无限说理。但是，滕佳终于行动了。

"滕佳死在和她丈夫共有的家中。我不知这是出于一种怎样的心理，是爱，还是恨，或者爱恨交织。死前，滕佳没有通报任何人，没留下遗书。她对这个世界，竟没一句话可说了！"

上海单身女性最善于隐藏自己

最善于隐藏自己，是上海女性最突出的性格特点。这一点，在单身女性身上表现得尤其突出。上海的单身女性在叙述自己的情感经历时，眼睛给人感觉很深远，像在说一部电视剧。她们在讲述自己的故事时，又想把自己从故事中跳出来，好像在说别人的故事。她们是城市的风景，又喜欢在远处看自己的风景。

上海是一个老牌的商业大都会，商业气氛和商人的性格在这个城市沉淀最深，普通人也受此感染。现代商人并不以精明的性格来表现自己，而是善于隐藏自己，这使得上海城市的女性，尤其是单身女性也体现着这一特征。

（吴淑平《单身女性调查》）

多情和失情并不是上海人的专利,有男女的地方就会有多情和失情的事情,而且还有愈演愈烈的趋势,但是上海人一旦遭遇多情或者失情,仍旧会显示出上海的特质,而上海女人一旦遭遇多情和失情,分明就是对上海特质最缠绵最揪心的演绎,尤其是在她们失情的时候,尤其是那些有文化、有品位、有身份、有修养的上海女人失情的时候。

或许会有人以为,这仅仅是文化女人的特质而不是上海文化女人的特质。事实上,这样的特质就是上海女人的专属。比如刘晓庆和潘虹,两人是同一时代出道的演员,也有相似的演艺界地位。刘晓庆是从四川发展到了北京,潘虹是上海人;两个人都有失婚经历。印象中,刘晓庆不仅不避讳,而且还有兴趣谈自己的情感经历,一次两次三次,有场景有细节,甚至还写了书,但是潘虹从来不谈自己的情感历程,更不愿意接受采访。有一段时间网络上传言潘虹说自己有俄罗斯血统,而证人是当年拍《苦恼人的笑》的导演杨延晋的妻子。传言说,正是在拍那部电影后,杨延晋的妻子因为丈夫和潘虹的关系而与杨延晋离婚。面对这样的传言,潘虹始终缄默。这固然是潘虹和刘晓庆两个人的性格不同,而这迥异的性格本身与地域文化有关。

即使是性格差异不大,也还是受到了地域文化的影响。倪萍在她的《日子》里会写到她的刻骨铭心的情感;宋丹丹是极有才华的演员,也可以相信她不是因为要炒作自己会在《幸福深处》中披露自己和英达十年前的婚姻恩怨;但是换了潘虹大概是不肯写的。这不是对与不对的区别,是人与人的区别。上海演艺圈的女人也出书,但是一写到情感便轻描淡写,以至于销路大受影响。

可以说是上海女人最善于隐藏情感,也可以说是上海女人最不善于公开情感。更加极致的是奚美娟,她已经成功地营造了一个氛围:大家都知道她有一个13岁的儿子,从来没有记者会问她的私人生活问题。至于陈冲、张瑜,也包括其他一些上海演艺界女士,对自己的情感经历,也都有意排除在舆论的视线之外。有位女主持人离婚了,只有极个别朋友知道,她对这些朋友说,拜托啊,千万别告诉媒体,千万不要登在报纸上,传出去好听啊?说到底,她们都是上海女人的风骨。

当娱乐圈的爱情故事和八卦传闻满天飞的时候,通常很少有上海娱乐圈女人影子,一定不是她们没有故事,而是她们不愿意讲自己的故事。广西籍的歌手韦唯可以将自己的结婚和后来的离婚都原原本本地讲一遍,北京籍的主持人胡紫微可以将自己与张斌的爱情故事让人们分享,当然这也没有什么不好。上海的女明星明显不习惯这样做。据说娱记最怕采访上海女明星,她们的嘴巴像江姐一样撬不开,和晶直至生了孩子,娱记大概终于对她的故事失去了采访的信心;另一位女主持人董卿,也是把自己的个人生活掩藏得严严实实;而毛阿敏,以前吃过亏,现在直至住进了产院,记者才知道她又要做妈妈了,但是谁都不知道孩子的爸爸是谁。上海女人不愿意张扬自己的感情,不管这段感情是令自己愉悦的还是令自己失望的,不愿意公布于众,甚至都不想让邻居、同事知道,于是她们便一如往常的矜持。

还有一个上海女人,潘萍,与娱乐圈完全没有关系,只是在一场人生悲剧中被公众知晓,被硫酸毁容,美丽和她的人生就此永远隔断,她内心一定是波澜起伏。曾经有与她很熟知的媒体朋友向她组稿,据说她文章写得很不错,也希望做一个专访,写她现在的生活。拗不过朋友的热情,潘萍没有当场拒绝,但是最终她对朋友说,还是免了吧。

即使在几乎要精神崩溃的时候,仍旧维持着一个上海女人的派头。就像滕佳,总是装束得整洁新颖,定时上美发厅,死前不久还为自己买了一件近三百元钱的砂洗真丝的风衣;每次去陈村家,总带些小礼物,坐得很晚,就担心陈村的女友会不高兴,她靠在沙发上,疲惫不堪的样子,却问陈村累不累。一个心理严重失衡的人,还这样周到地顾全人情世故。

这样的女人就像很多的上海女人,是善于忍耐的,是不张扬的,是矜持的,是只会折磨自己的。"上海女人"被公认为最有女人味、是十足的小女人,那么小女人的擅长是多情,小女人的特短是失情。如果失情的是一个没有地位、没有修养的女人,她可能就是嚎啕大哭,可能就是泼妇般的骂娘骂街,或者可能就是觉得自己命苦:她们不会多情,却不怕失情。滕佳这样的上海女人就是做不到。

她们比谁都更要面子,更怕失情,因为她们的失情,比起一般女人来,还多了一失——精神失重,是"上海女人"身份的失重。她们可能是一个很适宜的女人,她们可能是一个很有女人味的女人,她们的父母亲,她们的职业,她们的社会地位,她们的经济收入,她们的居住地段,她们的浪漫故事……她们一直生活在舞台上——是被人羡慕和仰望的。上海的淑女就是温婉,最被人家羡慕的就是淑女的温婉,但是最终就是淑女的温婉苦了她们自己。一个有身份的女人是不容许感情掺假的,同时又是不愿意像祥林嫂一样逢人便哭哭啼啼的。于是双重痛苦便只有折磨自己，在彻底绝望之前，她们还一直侥幸着忍耐着，"他不知道回来了没有。大概回来了。我要回去了。"其实回到家里看到黑洞洞的房间时，"他还没有回来"，是她一点都不意外的结果：她是期待意外的出现。温和的脾性，不让她发作，强烈的个性，不让她接受，高度的智性，不让她失态。有情感、却被情感边缘化的女人，真是最苦的女人。

滕佳只是上海女人中的一个极端，而像滕佳一样遭遇失情的女人，也都是像滕佳一样的苦。

她们想用游戏规则来挽救婚姻，她们规规矩矩地生活在游戏规则里。虽然有时候她们也知道这个游戏规则只会害了自己，但是她们冲不破游戏规则，甚至就没有想过要冲破游戏规则。

有一位很年轻、很漂亮，也很女人味的演艺界女士离婚了，不知情的人都以为是她移情，事实上错误的不在她；这种民间的舆论反差，加倍了她的痛苦。之后，她与一位有工作关系的男人很密切，男人也果真对她照顾细致，但是她知道这一定是无言的结局，因为男人是有妻子的，是不会离婚的，而她也是不会豁出去的，不会对男人的妻子叫板的，她太知道情感的边缘在哪里。只有一种时候，她是忍不住的，每一次小圈子知心朋友聚会，她就喝酒，喝着喝着就哭，谁都劝不住的啜泣。每一次都这样。她的感情是剪不断的，但是她的感情是理得不乱的。

还有一位文化界女士，当年结婚时，被誉为一对金童玉女，后来男人有了外遇。上海女人是有精神洁癖的，容不得男人任何感情错误，于是很干脆地离了婚，只身带了女儿，从南方回到了上海。其实她心底的情思未断，男人的情思或许也未断，偶尔会来上海，还会住到女人家里去。这事情女人对自己的几个知心女朋友说了，女朋友们的反应极其一致，极其强烈，极其反对，都抨击那个男人："他算什么意思，他要真心对你好，就复婚，不复婚就不要让他进来，否则也太便宜了他。"女人认同了女朋友们对男人的抨击，就和男人断了身体上的情思。其实女人潜意识里是不想断这份情思的，她告知女朋友是期待她们认同她和男人的关系，女人自己的冲力还不够，需要她们把她推向男人。偏偏女朋友们都是规规矩矩之人，用上海的规矩遏制女人和那个男人的关系；女人也是规规矩矩之人，最后还是服从了上海女人的规矩。

很久以后说起这件事情时，有人这么说，那些女朋友们极力反对，却忽略了很重要的一点，她们自己都是有丈夫相伴的，而她是一个人生活的，她们断绝了女人和那个男人的关系，实际上是断绝了她的幸福生活，她们非黑即白的上海道德，扼杀了她可能的情感恢复。也有人不同意这种说法，女人之所以说给自己的女朋友们听，实际上就是她自己过不了这道门槛。上海女人是传统的女人，越是有文化的女人、越是有身份的女人，越是理性，这份理性，就是传统。假如这样的事情是发生在文化品位水平都不很高的小弄堂里，那么她和那个男人早就复婚了。

这样的女人在身份上是一个强势女人，是社会生活的主流女人，代表了"上海女人"这个妩媚的称号。她们不乖戾，看似一点也不孤独，以她们的身份和社会地位，始终参加很丰富的社会生活和社交生活，一直扮演着主流社会女人的完美角色。上海女人的虚荣心永远是那么顽强。在这个"强势女人"外衣里面，她们又是情感上的弱势女人,而且由于强势的存在更凸显弱势。她们不会承认自己在情感上的弱势,尤其不会在很大的范围承认自己的失情,她们很率性,甚至对男女情感也常常评头论足。

好几年前,美国总统克林顿与白宫实习生莱温斯基的绯闻,热闹过一阵。在一次饭桌上,有位女士对克林顿大加赞扬,还觉得他很帅。邻座一个男人笑问:"也真奇怪,女人们怎么都同情克林顿呢?假如你是克林顿的老婆,假如你就是希拉里,你还会觉得克林顿好吗?"一席人突然没有了声响。因为这个不知情而冒失的男人问了一个不可以问的问题,那个赞美克林顿的女人的老公,犯了克林顿式的错误,她没有原谅他,离婚了,只有很少几个人知道。她也不会每天在家里,她仍旧很轻松地做她一个社会女人的事情。上海女人在对待失情时,会像电脑的硬盘一样,预先划分几个区域,失落的情绪,留在了心底。所以有时候会发生这样的事情,碰到了一个女人,请她向她的先生问候,女人也就浅浅一笑像是答应了,过后旁人纠正了问候者:"侬哪能嘎拎不清格啦,人家老早离婚了,侬还要叫人家去问好。"

当年邱岳峰去世后,他的同事、配音演员苏秀曾经去看望邱岳峰的妻子靳雪萍。靳雪萍当然是几重的痛苦集一身,即使在这样的时候,她还是有礼有节。她告诉苏秀:"老邱作为牛鬼蛇神扫马路时,回到家里,我也还是把他当作一家之主,恭之敬之的。"是非和情感搁在一边,礼节上都全了。

闷骚在家里

1960年代故事片《舞台姐妹》有这么一句台词:"认认真真做戏,清清白白做人。"如果做一点点的改变来形容上海女人,真是恰如其分的:"规规矩矩做事,开开心心做人。"规矩可以理解为道德,开心可以解释为浪漫。如果只有开心没有规矩,那么上海女人就不会成为一个品牌;如果只有规矩没有开心,那么上海女人个个都是黄脸婆了,连上海女人自己也不想做上海女人了。

上海女人不是很有勇气去冲破规矩的,但是规矩对于上海女人,常常不是坏事情,一旦有了规矩,那么在允许的范围内,她们常常就是不规矩的人。

哪个城市的女性开放度最高?

上海姑娘的表现令人惊喜,她们中的22.71%能够达到"A片里怎么做我就怎么做"的境界。与之形成对比的郑州姑娘,她们中的18.97%至今只试过一种体位。

(《男人装》2006年第12期)

依旧是在规矩和开心之间寻找到平衡点。她们是极力维持风化的,但是在风化之内,她们是极力热衷风情的,她们在情和性上都门当户对地生活着。好几份有关上海人的性生活的调查都显示，上海女人对性生活的满意度在国内处于领先水平。不论居住条件是局促还是宽大，她们就像会将一块布料巧妙套裁一样，就像会把几团绒线结出一件花团锦簇的绒线衫一样，她们有本事把自己的性生活安排得津津有味。有段时间，那是在录像机刚刚流行的时候，工厂的工人、商店的营业员，是很喜欢交流"黄带"的，甚至还会甲把自己的录像机带到乙的家里去，是为了翻录黄带，常常这样的黄带已经几次翻录，画面模模糊糊，但是大家的兴趣依旧很浓。虽然这样的事情在当时属于违法乱纪，但是上海的青年男男女女有自己的标准，他们交流录像带几乎是公开的。用报纸一包，给对方时关照一声："当心一点，勿要借出去噢。"通常他们是在家里小夫妻两个人看的，很少有聚在一起看的。那种在家里看 A 片被警察抓去的事情，上海人听了不是看不起警察乱抓人，是看不起被抓去的人嘎刮三。

到了碟片时代，高清晰度的 A 片仍旧是暗流涌动。成人不可以理直气壮地做成人的事情，但是成人也不可能不做成人的事情。有一个碟片小店成为警方扫黄打非的对象，有几张没有藏好的黄色碟片被没收了。只有几张，事情不算大，老板娘还是被请进去谈话了。老板娘是个上海女人，她既不对警察吵闹，也不嚎啕大哭。警察问："谁是上家？"老板娘说："格个么侬就不要问了，行有行规，我一讲下趟哪能做人做生意呢？"警察又问："谁来买呢？"老板娘倒是兴趣来了："基本上全是上海人来买的。"警察又问："男的还是女的？""废话哦？女人哪能会来买？当然是男人，中年男人，年纪轻的不买 A 片的，伊拉会从网上下载的，侬当伊拉思想嘎好啊。"警察继续盘问:"侬哪能晓得伊要买呢?"老板娘娘更加起劲了:"人家当然不会进门讲要买顶级片的,来买格种碟片的男人,看上去是蛮规矩蛮老实的,不过苗头一轧就轧出来了。先问伊,欢喜看啥个片,枪战片?武打片?艺术片?爱情片?要是伊讲欢喜爱情片,还要是欧美的,基本上就是欢喜A片。不过要是第一趟来完全陌生,不好给伊顶级片;等伊第二趟来,伊会讲,上一趟侬推荐的片子不灵,这一趟就拿一张顶级的给他,用不着多介绍,只要讲一句格部片子蛮灵格,伊就拿进去了;下一趟再来,给他一张顶级的,再给他几张一般性的,伊也开心。"警察教育她:"侬是在传播淫秽碟片晓得哦?"老板娘讲:"啊呀,阿哥啊,人家买回去又不是去做坏事体,卖淫嫖娼的人是不来买碟片的,人家是夫妻俩看的,是提高性生活质量,老重要格呀。阿哥,侬讲呢?我就不相信阿哥侬从来没看过。"警察眼睛一瞪:"啥意思!"老板娘有一点嗲了:"啊呀,侬就放我一码算了。"

在上海家庭中,如果夫妻年纪不是特别大的,一般会有几张A片的,过一段时间会拿出来看看,虽然明明知道是"科教片",千篇一律,没有任何艺术价值。几乎每一次都是男人吵了要看,女人倒是讲,有啥看头了?老腻兴格。不过,女人还是会和男人一起看的。而男人也不是看A片上瘾,只是把它当作做爱的前戏。所以"A片里怎么做我就怎么做"的境界,对于上海女人来说,是完全可能的。她们不仅是愿意的,而且也是喜欢的。在和自己爱人的性行为中,上海女人应该是最开放的。她的外表和内心完全是冰火两重天。就像《上海熟女》的作者何菲所言:上海女人是闷骚。闷骚的感觉,就像是一只焖烧锅,外表冰冷平静,内胆里却是沸腾着滚烫的靓汤,其炽热和丰富,让人的心脏狂跳不已。上海女人的闷骚,更注重度,也就是火候,她的精髓就是隐忍而不失热烈的性感。

上海女人是温情脉脉的,也习惯温情"默默"。不张扬的,却是热闹的;她们守着规矩,却享受开心;即使有些事情算不得规矩,但是她们也还是很规矩地做着,极力地使这样的事情变成新的规矩。

当然也有例外——这又是上海女人的特质,一旦例外,那就是天大地大的事情了。在规矩和开心之间的平衡,一不小心就不平衡了。那一场例外的开始,与跳舞有关。

曾经有人研讨过解放后的跳舞现象:在"文革"之前对资产阶级生活方式的批判是非常猛烈的,而很资产阶级的交谊舞倒是可以公开存在的,这是什么原因?有人认为,交谊舞是抗战时代上海女学生参加革命时带到延安去的,这些女学生,还包括一些女演员,在上海已经学会了跳舞,喜欢了跳舞,到了延安,将这么一种西方的文明与战士和干部交流;可以佐证的是,延安干部直至最高领导都会跳舞,解放后从中央到地方的各级机关定期都会有舞会。跳舞和舞厅与当时的社会很不和谐地共存,一直到"文革"当中被彻底取缔。

如果是自发组织舞会,而且舞会一旦有其他的色彩,那就是非法的。1964年,在一份权威的内部简报中,刊登了一篇文章《上海第二医学院揭出一个黑灯舞会集团》:该校四年级两个女学生揭发交代了一个黑灯舞会集团。据已掌握的材料,有名有姓的即达五十人。主要是资产阶级子女中的社会青年和大学生。几年来，他们经常不分白天黑夜（有时通宵达旦），男女群居一室，除了听黄色音乐、跳黑灯舞外，还进行下流的"摸彩游戏"，当众表演"与朋友接吻几分钟""在朋友怀中几分钟""舌尖对舌尖几秒钟""与朋友表演一个大家公认的亲热动作"……

揭发材料中还有更严重淫乱的情节，不像是当年可能实际发生的事情，估计是两个女大学生在什么情况下的胡言乱语了，但是可见跳舞在上海的根深蒂固。

"文革"刚刚结束，上海女人的脚又开始"抖"起来了——当时对喜欢跳舞的人称之为"抖脚"，舞厅还没有开放，直至1986年8月，静园书场舞厅试办营业性舞厅，它是"文革"结束后在上海首先恢复的营业性舞厅。在此之前，文化单位的联欢会有了跳舞的内容，家庭舞会在悄悄进行，地下舞会也在蔓延。最初是在资本家的家里，因为他们家里地方大，还有打蜡地板，后来蔓延到了领导干部家里，领导干部的家也符合跳舞的条件。领导干部自己也是喜欢跳舞的，领导干部的子女也学会了跳舞，也爱上了跳舞。

电影《青红》中有一个黑灯舞会的情节。其实也就是在舞会的高潮之际有人关掉了灯，在黑暗之中有了肌肤接触和亲昵行为，青红就是在舞会上第一次知晓了男男女女的事情。《青红》介绍给外国人时，片名被翻译成 *Shanghai Dream*（上海梦），不仅蕴含了在贵州三线建设生活的青红梦归上海的意思，也有把上海当作女人梦想的意思。女人因上海而梦，因上海而醉，但是在二十多年之前，这么想的上海女人，多半不会被当作好人，也多半会出事情。

1982年春天某日傍晚，张小琴（化名）下班了，有个熟人告诉张小琴，有一家人家屋里跳舞老嗲格，叫伊一道去跳舞。张小琴有些犹豫，最终答应了。男青年让张小琴坐在摩托车后座。张小琴感到了兴奋，还有刺激，在当时的淮海路上乘幸福摩托兜风，是无法形容的时髦了。

男青年开着摩托进入了一条十分幽静的马路，后来被证实是高安路，是真正的上只角。张小琴跟随着男青年进了楼房。房间里在放舞曲音乐，灯光忽明忽暗，他们跳舞了。后来有人请张小琴到三楼去玩玩，进了三楼卧室，一个男人把她推倒在床上，奸污了她，接着，另一个男人奸污了她，再以后，又来了一个男人，也奸污了她……

这个案子在两年后才告破，是有人举报破案的。涉及了几个高干的儿子。

那个男青年交代说，他们这个黑灯舞集团有一个运作模式，通常由他骑着摩托在马路上转悠，一旦发现猎物，就将她带回，就是张小琴被带去的地方，是某位领导儿子的家。一共有6个人参与了犯罪活动。凭着对女人的嗅觉，他们很快区分出后座的女人是投怀送抱者还是执意不从者。有姿色而不从者被轮奸了，还有一些女人愿意了，并且成了常客。在他们的一本花名册上，竟有女人姓名320多个，还包括了两个电影演员的名字。

这个事件以3个纨绔子弟被枪毙、另3人判重刑而告终结。

320多个女人，当时户籍制度极其严密，可以得出结论，都是上海女人。

上海女人胆子小的辰光来得小，胆子大的辰光大得吓死人。

当然如此大胆的女人，已经不是一般的上海女人。后来有人说，张小琴应该就是垃三，否则也不会到人家家里去。其实张小琴还不是垃三，她是被人骗过去的，那些在马路上和陌生人搭讪送上门去的女人，才是垃三。

有关"垃三"这个词的来历，有人考证说，来自美国的俚语 lass，指的是和美国水兵鬼混的小姑娘。"垃三"即 lass 音译。不管这个考证是否有道理，考虑到上海人一直以来很喜欢直接将英语音译过来显示洋派，比如"摩登"就音译自 modern，姑且就这样解释垃三的来历，而且 lass 很准确，垃三就是和男人混在一起的女人，是有风化问题的女人。垃三既不是三陪女（当时也没有三陪女），也不是女流氓。垃三没有特别的标识，但是马路上一看到这样的女人，就能够识别出来：格个女的肯定是垃三。否则那个黑灯舞会的猎手也不会在马路上与她们搭讪。这样的女人领口比人家开得低，衬衫少扭一粒纽扣，超短裙，跟人家荡马路，上饭店，看电影，要人家买衣裳，穿奇装异服，还说夏天垃三只穿裙子不穿短裤的。规矩人家的女儿是不会做垃三的。

回过头去看当年的垃三，多少还是有点冤枉和委屈了她们。垃三一定是穿着妖艳，于是人们习惯将穿着妖艳的年轻女子归并到垃三一类，这肯定是扩大了垃三的外延。穿着妖艳的不一定是垃三，比如张小琴，在被三个纨绔子弟轮奸后，羞辱得忍气吞声，不敢报案，在公安局传唤时，她再三要公安局保证不能传出去，否则她无法做人的，会被人家背后骂垃三，至少肯定会说她骨头轻。

做一个上海女人，骨头的分量是一件头等大事。如果一个女人被人家背地里说成是"轻骨头"甚至"贱骨头",那是对她作为一个女人的道德底线的否定,以后正正经经的男人也寻不着。骨头轻的女人,没有矜持,少了点庄重,但是这样的女人又多了点妩媚,多了点风情。她们喜欢打扮也善于打扮,尤其是在"文革"如此窒息生活的年代,她们照样敢于花枝招展。那个年代,淮海路夏日偶尔会有一种女人走过,一定是穿了黑颜色的紧身衬衫,当然紧身也是那个时代的紧身标准,胸襟少扣一粒纽扣,隐隐露出了乳沟,居然会有人围观和跟随。然后便是几个人的争论:"格个女人里面肯定没戴胸罩,看得出的。""凭啥讲看得出?""奶奶头也凸出来了,晓得哦?"从现在的时尚审美角度去看这样的女人,主要是垃三,也包括被误认为是垃三的、穿着妖艳的年轻女子,她们对当时上海时尚的走向,对上海时尚的引领,对后来展现上海女人的形体魅力,是有历史性的功绩的。她们是漂亮的,是时髦的,是性感的,是大胆的。

轻浮和妩媚的女人,上海也从来没有缺少过。越是男人有优越感的地域,越是男人有成功感的地域,越是需要女人的轻浮和妩媚;女人的轻浮和妩媚,也可以被看作是促动男人成功和优秀的兴奋剂。

而且垃三与"煤饼"既是程度的区别,也是本质的区别。垃三比较过分,"煤饼"则是性交易了。用"煤饼"来指代那种女人,虽然低俗,但是形象,那时候性交易的别称就叫做"敲煤饼"。垃三不是煤饼,当然垃三也是可以变成煤饼的。

作家王唯铭在他的长篇力作《上海七情六欲》中,对垃三有一段别样的论述:"'文革'不仅将普通男女的基本人性得到彻底改变，同时，它还使得人群中的一些特殊分子的人性得到变态释放。一种叫做'垃三'的女子的出现，便是对这种变态人性的最好注解。在70年代的早期，垃三穿着她们的超短裙，富有勇气地走在上海的大街上，她们拒绝清一色的肥大军裤，她们以露出膝盖三寸甚至四寸的裙子，将一种别样的色彩涂抹在红色的大街角落。"

亭子间老姑娘

十几年前,她是亭子间小姑娘,十几年后,她是亭子间老姑娘。

这十几年社会发生的变化太大太大,但是对于她来说,除了年龄什么都没有变化。她也想变化,但是没有一个变化轮得到她。她还没有结婚,没有换过单位,没有升到什么职务职位。她也没有享受过福利分房,也没有搬过家,还是住在父母亲家的朝北亭子间里。

她住在市中心的中心,可以称作为钻石地段,和淮海路有关系,还和淮海路相交。这不是很好很有优越感吗?恰恰相反,在上海,一条著名商业街的四周,一定有好多条默默无闻的小马路,并且小马路上的居住条件和大马路的灯红酒绿天壤之别。没有煤气,至今没有抽水马桶和浴缸,厨房和卫生至今还是五六家人家合用。所以,她是没有淮海路的优越感的。淮海路与她物理距离很近,与她物质距离很远。即便有一些很近的物质距离,恰恰又是令她最讨厌的物质。比如她的亭子间一年四季是必须拉窗帘的,怕邻居的近距离,更怕淮海路高楼可以将她十来个平方米的亭子间看得一清二爽,还有,大概是伊势丹的霓虹灯广告,直直地射在她的床上,蓝的、红的、黄的,连卫生间的感受也完全一样。她从来没有去过伊势丹上面的"蓝带",但是从"蓝带"开业的一天起,她就天天夜里感受"蓝带"的声色。

她至今未婚,问题是她并没有想要独身,她也不是前卫的女人,从小家里就有很多的规矩,决定了她不可能会有关系暧昧的男性朋友,她是个很纯粹的没有男人的女人。

如果说,像垃三那样的女人,骨头没有四两重,因为轻浮被看不起,成为一个负面形象的上海女人,那么她这么一个亭子间老姑娘,则是因为过于凝重、过于稳重而被人家远离,也成为一个不亲近的形象。

"上海女人"是诸多上海女人心底的骄傲,也是诸多非上海籍女人的梦想。梦想的意思,就是向往着成为,实际上无法成为。这种梦想,也属于一部分上海女人。她们生在上海,长在上海,但是连她自己都觉得,不是人们意念中的"上海女人"。没有成为"上海女人"的原因,不是因为穷,不是因为没有文化,不是因为没有上海底气,而是一直生活在"上海女人"的边缘,从来没有加入"上海女人"的主流群体,或者说,就是一个边缘化了的上海女人。一个一心想做"上海女人"的上海女人,活了几十年,却在自己的心里觉得自己不是"上海女人",那真是辛酸。

她的几个同学,命运和她殊途同归。

一个女同学虽然结婚了,但也是结在了亭子间里,男人也就是一个平常到了平庸地步的男人,至今每天还是踏了一部十几年前的自行车上下班,单程就是三刻钟。以前"亭子间嫂嫂"意味着是一个单身、来历暧昧的女人,如今那一位"亭子间嫂嫂"意味着没有什么事情值得邻居打听和羡慕的。

还有一个女同学，结过婚了，离婚了，兜了一圈，又回到了亭子间。

对于一个上海女人来说，没有找到称心的男人和没有找到男人是差不多的事情。

在单位里，十几年前，她们是办公室的妹妹，十几年后，她们是格子间的老师，老师的意思就是年纪很大的人，实际意思等于是亭子间阿姨，等于是"out"的人。因为办公室布局改变，从原来几个人的小办公室搬到了几十个人的大办公室，只有一个格子属于自己的天地。小同事对她们是尊重的，但是是没有什么要紧的话可以说的，是"轧勿拢"的。如果是在评判一个社会事件的时候，她们倒是会和小同事争论的；在内心里，她们觉得这些小朋友们没啥了不起的，只是运道好，只是和头头关系好。

为了抗争边缘化，她们不断地读书，各种各样的证书考出来一厚叠。有人戏谑说，男人是一读书就戆，女人是一戆就读书。其实这句话的真正意思是，男人一旦读书就没有了方向，女人一旦没有了方向就读书。她们不这么想，她们觉得读书就是方向。她们喜欢看书看电影的，当然是比较传统的《克莱默夫妇》一类，她们是有女人独立的主见的，但是既不深奥也不尖端。她们是一个想要跑在男人前面的人，结果回头一看，自己的后面没有男人，于是她们的独立常常就变得独孤。

不管是在家里还是在单位里，她们是知书达理的，她们是过了青春期却还有青春意志的，她们是有好胜心的，她们的好胜心不在于批判人家，而在于不接受人家。所以，她们是不容易接近的。背地里，人家会这么说，格个老师人蛮好格，就是有点怪。

上海女性的形象大多是负面的

8月1日，英国著名定性分析机构明略行（Millward Brown Firefly）在上海发布的一份调查报告显示，无论是在上海男性心目中，还是在其他地方的中国女性心目中，典型的上海女性形象，在极大程度上被理解为一个负面形象。有趣的是对于这一点，上海女性有充分的了解，但是她们并不认同。

（2003年8月25日《新民周刊》）

明略行是世界十大市场研究公司之一。这项调查，历时18个月，对1500名处于22岁到28岁年龄段的上海女性作了定性调查和分析。调查的本质是商业性的，是要了解这一个年龄层次的消费欲望；了解了上海年轻女性，就有可能对二级和三级城市中国女性的未来有一个精确的洞悉。调查也获得了社会学的结果，那就是上海女人是怎样的女人。

上海女人是强悍的，还是温顺的？是完全西化的，还是相对保守的？是利己的物质享乐主义者，还是独立上进的个人主义者？调查发现，在人们的心目中，上海女性的形象大多是负面的。上海女性是咄咄逼人的，她们追求物质享乐，希望比男性更强势。

且不说这个调查结果的原因是什么，我有一个很深的体会，每一次在网络上讨论上海女人时，口水是必然的。汹涌般的口水中，也真是有普遍的流行观点：上海女人很凶的，很自以为是的，很自恋的，很势利的，金钱至上，崇洋媚外……虽然这其中必然有网络评论的随意性，有上海女人因为享受了上海的文明而被嫉妒，但是这样的评论会比较集中，而且也和明略行的调查结果有部分吻合，那么可以说，这其中是有原因的。

上海女性强悍和西化的形象根源是什么呢？这项调查主持者认为，上海女人负面形象的起因，恰恰也就是上海女人正面形象的起因；同样的社会事件和社会发展，完全就像是硬币的两面，造就了上海女人正负两个形象。最主要的原因应该是三个方面：首先是上海在上个世纪初就形成的西化历史，以及比国内其他地区更早开办的女子学校，使得上海女人更多地接受西方的文明。其次是随着社会进步，上海女性无论是在家庭还是在工作时的状态与方式已经发生了深刻的变化，她们的个性既得到了充分的尊重，也得到了充分的张扬。个性是什么？个性就是和人家不一样。第三个原因有点荒唐，要归咎于媒体传播，是各种媒体以及电影电视、文学作品拼凑起来的上海女性典型形象的不断强化，走向极端，以至人们会有一个被误导的上海女人形象。

"上海女人"是温柔的小女人形象，但是"上海的女人"是一个负面的形象；"上海女人"不等于"上海的女人"。当人们越来越乐于接受"上海小女人"时，和生活中的上海女人反而产生了距离。被人感觉到不容易亲近的上海女人，往往不是没有知识、没有修养的女人，恰恰是有知识、有修养、有上海感觉的女人，也正是以前的亭子间小姑娘，如今亭子间的老姑娘，或者说是以前办公室里的妹妹，现在格子间里的老师。她们由于感觉到自己被边缘化,感觉到自己像玻璃房里的小鸟,与外面的距离很近很近,但是不属于外面,在她们的潜意识里,她们是不高兴的,而越是不高兴,所谓的上海女人负面形象也就越是浓烈:不近人情、固执、神经质……

有一个亭子间嫂嫂离婚了,连亭子间都没有了,暂时住回了母亲家里。她是个有文化的人,不想让独居的母亲分担她的忧愁,但是又想让母亲接受女儿已经离婚的事实。这本身并不难,只是亭子间嫂嫂还没有对母亲说明白,自己心里已经在和母亲吵架了——

"其实我是个很温和的人,在外面从来不跟人红脸吵架,是我自己的妈把我逼成了母夜叉,我粗暴地对她,我也很难受,可是我做不到跟她不吵架。很多次想跟她说这件事,话到嘴边终于张不开口。我很厌恶也很害怕看到她知道真相后那种丧魂落魄的样子,以及那种跟你纠缠不休的指责。她逼得我撒谎,我无法不暴躁,总是顶撞她。我知道这样不好,大多数时候我是沉默,甚至阴沉的。自进入青春期后就一直是叛逆的,一直在不懈地跟她上演对抗赛。如果我的特立独行能为我带来奔驰、宝马,让她感觉光宗耀祖,也许她就服输了。很遗憾我总是令她失望,令她胆战心惊,她这辈子就跟我耗上了,我的任何决定在她看来都是错误的,任何事情她都要管。"

她就是上海女人。虽然她在外面从来不跟人红脸吵架,但这仅仅是她自己的认知,往往她跟人家争论了却没觉得是在和人家争。

一个失婚的上海女人,假如她又是一个有文化修养的女人,不会像没有文化修养的女人一天到晚愁眉不展。她可以很轻松很坦然地面对自己的失婚，常常会对人家说，我现在一个人真开心。在心里她一定比没有文化修养的女人更加愁苦，更加寻寻觅觅冷冷清清。这大半与她是一个上海女人有关。上海女人是最不怕失婚的，因为社会保障机制健全，她有职业，她有不比男人低的工资，她有住房，她可以独立享受城市的物质生活，并且她接受了宁缺毋滥的两性关系原则，所以上海的离婚率高是必然的。但是上海女人一旦离婚后，她的内心孤独远远超过其他地域。

"上海最适于女人居住生活"的意思，常常只被人们理解了一半，以为女人在上海是最开心的，还有另一半意思：只有生活状态健全的女人，只有有男人相伴相随的女人，才是最开心的。当人们津津乐道上海女人的味道、适宜、乖巧、温婉时，应该注意到的是，上海女人特质的背景就是男人。一个更加物质化文明化的城市，使女人更有个性，更容易离开男人，但也使女人更加会因为离开男人而离群索居。上海所有的情结都是为男女双双、男男女女而设计的，吃饭、跳舞、看电影、喝咖啡，都是男女配对的形式，准确地说，都是伴侣配对的形式。如果看到一个人，尤其是一个女人，单独在饭店里吃饭，在咖啡馆里喝咖啡，都会产生疑问：为什么是一个人，而不是两个人呢？如果是在新天地，一个女人泡着，别人还会有其他的联想。当一个女人独立生活的时候，她的社会生活质量急剧下降，她的爱好和情趣受到严重打击。固然她可以有新的男友，但是当她年龄稍大，当她已经从亭子间姑娘成为亭子间老姑娘，她被邀请的可能性在下降；而她的老同学们都有自己的生活，她的那几个有相似失婚经历的女朋友也并没有聚会的兴趣；况且当年亭子间的小姑娘还是接受了蛮多的家教和规矩的；于是她的边缘化越来越加剧了。

边缘化是一种物质状态，而它必然产生精神上的排他情结。被边缘化的人要保持自己的人格尊严，会在自尊自强自立上强化自己。于是明略行关于上海女人负面形象的结论就得到了诠释。这当真不是上海女人的本意，但是这一项调查内容是有趣也有意思的。

调查邀请了两组上海年轻女性分头拍摄了一组短片，所有的场景、文字和背景音乐都要求她们自行制作。出乎意料的是，上海女孩们都没有拍摄在办公室或者工作的镜头，她们选择的场景是在商店选择衣物，在休闲的场所与朋友愉快交谈，在快餐店边吃饭边看报纸的单身女性、街头裙裾翩翩的靓丽女子。她们镜头中所展示出的上海女性形象，全部是温顺的、和蔼可亲的，但又是独立的，追逐时尚的。在一组照片中，她们选择了一张芭蕾舞女演员静态的照片，也非常喜欢飘柔的广告。这是因为，个人主义是上海女性的鲜明特征。她们在片中说，女人必须独立，不然会被男人看不起。她们注重自身的发展，因此不断学习新的东西，努力表现独立、自信、上进的精神面貌。她们选择这些照片和广告，是因为喜欢里面人物鲜明的个性。她们不想躲在面具或者别人的后面，而是希望作为独立的人来展现自己，就像那张芭蕾舞女演员的照片一样，即使台下没有观众，也会欣赏自己的舞姿。

其实当舞台下没有了观众的时候，只有很短的瞬间空旷的快意，接下来，便是孤独。在骨子里，上海女人是期待别人喝彩的。

/ 第七章

女人经：小弄堂女人豁得出

/ 风情发生地
低级弄堂，公用龙头，证券所
/ 人影
黄圣依，阿莉，尚雯婕，何智丽
/ 语录
厉害，豁出去，先手，睡衣困衣，苏北人
/ 课题
上海女人为什么穿睡衣上街？

这个女人真厉害

周星驰和她的星女郎黄圣依爆发过一场官司,最后这场官司在秘密的调解中结束。在说到这起难缠的官司时,周星驰有一个评价:上海女人中最厉害的角色,往往就是弄堂里出来的小姑娘。

这场官司中的谁是谁非不重要,周星驰对上海姑娘黄圣依的评价是不是准确也不重要。印象中黄圣依并不是弄堂里跑出来的。

撇开这一场官司,周星驰的这句话说对了,说绝了:上海女人中最厉害的角色,往往就是弄堂里出来的小姑娘。上海的女人三六九等,上中下三只角,有最美丽的,有最适宜的,有最聪明的,有最贤惠的,有最嗲最作的,如若说到最厉害的角色,那真要跑到弄堂里去找。

但是不要跑错弄堂,不是所有的弄堂都会跑出来厉害的角色,尤其是不要以为就是上海最典型的石库门弄堂。不是的,周星驰说到的弄堂生存条件,远比石库门恶劣,这种弄堂的文化基准,也远比石库门低,是低级弄堂。弄堂当然也有高中低之分,低级弄堂大多分布在闸北、杨浦和南市,虹口稍微好些,静安寺路(南京西路)与霞飞路(今淮海路)一带最好;这也就是下只角、中只角和上只角在弄堂上的区别。上下两只角的房租可以差三四倍甚至十倍以上。当然，即使在闹市中心也常有死角弄堂，和下只角一模一样。

鲁迅曾经给低级弄堂下过一个定义："倘若走进住家的弄堂里去，就看见便溺器，吃食担，苍蝇成群的在飞，孩子成队的在闹，有剧烈的捣乱，有发达的骂詈，真是一个乱烘烘的小世界。"

再去看一看刚刚动迁完毕的著名低级弄堂虹镇老街：七拐八弯多，一个生头人（沪语，陌生人）天黑以后，从人家屋里出来，就不知道如何出去，绕了三四个小时才找得到出路！难怪有人说："日本人进去肯定出不来。"房子是简棚陋屋多，有的人家甚至竹篱笆加上黄泥巴做墙，茅草作顶。夹弄小得必须一个瘦子侧身才能穿过去，两家人家之间的窗台上，搁块汰衣裳板就能扳扳小老酒了（沪语，很随意地喝酒）。

静安区五年之内消灭马桶

静安区全区还有 19000 只马桶。这场难度大、环节多的"马桶革命"将从今年正式开始拉开序幕。"我们将用三到五年的时间进行旧房改造，解决卫生间厨房多户合用的状况，消灭马桶。"静安区建委的有关负责人告诉记者。

(《新闻晚报》2006年2月6日)

与石库门弄堂相比，低级弄堂的房子杂七杂八，是不整齐的，基本上就是平房，即使有二楼也是后来搭出来的；抽水马桶是不可能有的，后来的煤气灶也都是在自己门口搭个棚装进去的，那个棚，原来是放煤球炉的；自来水是好几家合用的，有的甚至是百来户人家合用一个给水站；弄堂细而长，还七弯八弯，一部脚踏车踏进去也是功夫，啥人家生重毛病，救命车是开不进去的，光是担架抬也要抬五分钟；屋里厢一年四季晒不到太阳，潮汲汲的，要经常晒棉花胎。如果看到一个女人穿了一身睡衣，捧了一面盆衣裳，肩胛上搭了一条被头，快手快脚地在马路边上，面盆地上一摆，先是两棵行道树上缚绳子，一条被头甩上去，两头夹钳夹牢，再是一件件晾衣裳，衣裳是已经穿在了衣架上的，可能还张开喉咙喊男人，再拿几只夹钳来——这个女人一定是从弄堂里跑出来的，因为弄堂里晾衣竹竿也撑不开的。

这就是让周星驰吃酸的最厉害的上海女人跑出来的弄堂，小弄堂。

什么是"厉害"？这也是上海女人的一个特色，不是凶，不是恶，不是阴，不是赖，而是时时刻刻，她算在你的前头，你算不过她。还不是厉害的全部，还要加上说得出，做得出，说笑脸就笑脸，说翻脸就翻脸。有种女人算得出，但是说不出做不出，心里一肚皮气，夜里越想越困不着，胃气痛也出来了；有种女人说得出做得出，但是算不出，心里是一肚皮草。那都不是厉害，唯有算得出说得出做得出，才是厉害的女人。连周星驰这样被称做"星爷"的人，都会对弄堂里跑出来的女人记忆深刻，可见厉害的女人，也真是够厉害的。

厉害女人的"厉害"证书，是低级弄堂授予的。在小弄堂里，厉害是女人的生路，不厉害的女人不要讲吃不开，还要被人家欺负。电影《股疯》中，潘虹饰演的女人叫阿莉，她正符合周星驰说的厉害女人的条件，是从弄堂里跑出来的，而且也恰是一个厉害的女人：想得出，说得出，做得出。她可以辞掉公交公司卖票员的生活去做股票，可以搭上香港人，搞得又暧昧又不暧昧，连自己的老公和香港人都糊里糊涂，还可以摇身一变神抖抖，还可以呼风唤雨，有调情时的温柔，有吵相骂时的脏话。老公不高兴阿莉早出晚归："我这里是下只角，没抽水马桶，侬回来做啥？侬包给人家算了，我是包不起的。"阿莉眼睛一瞪，台子一拍："碰着赤佬了，侬讲闲话像人样子哦？"这就是厉害女人的腔调。像林婉芝、凌杉杉这样的女人是做不出来的。

公交车上有两个女人在对话，听一听就感觉到什么叫做厉害。一个女人在向另一个女人传授嫁女儿的门槛："阿拉女儿出嫁前，我跟亲家讲，阿拉两家人家钞票都要多拿出来点的对哦？侬要是拿出100万，我也拿得出格，不过我不可以跟侬拿出一样多，我只可以拿出60万，这是为了男方好，否则男方没面子了对哦？侬男方总归要比阿拉女方好一点才般配对哦？我跟女儿讲清爽格，人往高处走，侬当然要寻钞票多一点格对哦？"在"对哦""对哦"之中，女人让亲家乖乖地把钱掏出来，还很窝心。厉害哦？

小弄堂是厉害女人的课堂。这样的弄堂空间太小了，根本不能满足"一个萝卜一个坑"的人文最低需求，是几个萝卜一个坑，任何一个萝卜要想自我满足一个坑，就必须将同坑的萝卜挤对出去，任何一个萝卜要想不被别的萝卜挤对出去，就必须要学会超强的抗挤对能力。"适者生存"的理论在小弄堂里无时无刻不在演绎着。早上几十个人围着给水站刷牙洗脸荡马桶，斯文一点就一直排在后头。一墙之隔的墙不是砖墙，而是板墙，滑稽戏、淮剧、吵架、小儿啼哭、男女调情，除非到了夜里，一直声声不息。

如果说，别墅女人练的是内功，那么小弄堂女人练的是泼辣，练的是"现开销"，练的是先手。泼辣说的是两女相对泼辣者胜；现开销练的是快速反应，当场了断。至于先手更是厉害女人的厉害，其中还蕴含了很高深的学问。按照博弈论的观点，在相同的条件下，先手者总有活路，后手者不一定会有活路，也就是所谓先下手为强，所谓捷足先登。周星驰心里最不舒服的，棋盘和棋子都是他周星驰摆好的，对手上海小姑娘看上去很文弱，什么话也不说，就走了个先手。当然周星驰有所不知的是，虽然"厉害"是弄堂里跑出来的小姑娘的杀手锏，但是多少年来，"厉害"早已渗透到上海的每一个角落。这与上海人多有特别的关系。上海的居家生存空间一直非常拥挤，在福利分房的年代，人均居住面积要在2.5平方米以下才算得上是困难户；在轧公交车的年代，曾经车厢内一个平方要立20只脚。所以渐渐的，"厉害"也衍化成上海女人一把隐蔽的利器，看不见它明晃晃的存在，但是一不小心，自己已经进入她的谋篇布局之中。厉害不仅仅是小心眼，也是一种自我利益和家庭利益的大局观。尤其是当一个女人看上去文化程度不高，社会地位不高，好像就不可能胸有大志，并且好像因此就应该是唯唯诺诺的时候，"厉害"是令人猝不及防的。

　　这样的女人，是最有逻辑思维的女人。当别墅女人哼哼唧唧地讲究情调的时候，石库门女人为心里放不下而睡不着的时候，小弄堂女人已经把生活安排得缜密、井然有序。还在给水站洗刷的时候，每天早上，她们的老公第一个出门，一只面盆、一只搪瓷杯、一条毛巾、一支牙膏，先去给水站排队；她们也已经起来，在老公先出去排队的当口，她们已经用好了痰盂，叠好了被子，烧好了泡饭，然后一只手拎了个痰盂，一只手带了一面盆的衣裳去了，老公洗脸已经差不多好快了，她们正好接上；她们一面盆衣裳先浸好，然后荡痰盂，刷牙洗脸。时间精确到以秒计算。而且还真不是一两个女人有这样的水平，小弄堂里女人差不多是同一个时间模式，几乎就是齐刷刷地老婆来与老公交接。相同的还不仅仅是时间模式，清一色的困衣困裤，清一色的有点夸张的文眉，清一色蜡蜡黄的头发盘了个很高的发髻，金项链金戒指不用问，一定是24开的足金。手脚快得来要命，在儿子或者女儿接上来洗漱的辰光，她们已经把衣裳搓好过清，然后晾衣裳，吃泡饭，化妆打扮，出门。一歇歇工夫全套做好了，而且全套生活都不是坐着做的。用她们自己的话来说，一个早浪头，除了小便坐过痰盂，人做得火火热，屁股还是冰冰冷的，吃泡饭画眉毛，一坐也没有坐过。

看上去好像已经是很遥远、也很边缘的事情，公用给水站上百家人家合用，倒痰盂，生煤球炉，如果不是有确切的资料证明了它们的存在，都不会有人相信这些事情就发生在上海，就是在几年以前。上海最后一个公用给水站，是在1999年6月13日被拆除的，这个给水站就在市中心的卢湾区丽园路713弄内。上海曾经有100万只煤球炉，"煤炉子""米袋子""菜篮子"，在1980年代属于当时上海市政府关注的"黑、白、绿三大工程"，直至新世纪的到来才正式引退。引退标志是，上海最后一家生产煤球的上海第九煤球厂2000年正式转产。

凡是生煤球炉的，水龙头公用的，总归是小弄堂。

这样的小弄堂，不仅仅分布在所谓的下只角，市中心也有很多。静安区当然是市中心，恒隆广场、中信泰富、梅龙镇就坐落在静安区的南京西路，还有些著名的别墅也在那儿，但也就是在那样的区域，还有近2万只马桶等待改朝换代。凡是用马桶的住家，当然就是小弄堂了。

小弄堂的女人，也是上海女人，是在最艰苦的条件下生存的女人。她们的老公全是没有花头的，顶多是普通工人，大部分已经下岗。要是老公有花头，她们也不住在这里了。她们没有靠山，是名副其实的草根女人；没有地位，是名副其实的弱势群体。但是她们的能量比是极其高的，她们的能量就在于环境给予的厉害。

中国乒乓球队曾经的主力何智丽也是一个厉害的女人了。但何智丽并不出生和生长在小弄堂里，只是小弄堂女人的厉害也早就浸淫了上海女人。上海是一个很规矩的城市，最多的是规规矩矩的人，"好小囡"算得上是上海的品牌。也奇怪，上海历来就是会出一些可以以"第一"而载入史册的女人。何智丽的第一，是第一个在国球的世界比赛中，突然而坚决地反抗领导的"让球"指令，以自己的胜利来捍卫自我的利益。何智丽让她的领导在目瞪口呆之中领教了她的厉害。

1987年3月1日，在印度首都新德里的英迪拉·甘地体育馆，第39届世乒赛进入半决赛。按照行家预测，世界冠军当属何智丽！何智丽也是这般估计的。就在半决赛进行之前，事出意外，中国乒乓球队女队教练找何智丽要她让球给队友管建华。后来，影响深远的拒绝让球事件还是发生了。何智丽表面上答应让球,比赛中却真打真拼,最终淘汰了管建华,进入决赛。在决赛中,她又战胜了韩国名将梁英子,她以阳奉阴违的厉害,"在队里领导的冷眼和怒目下"获得了世界冠军。要知道二十年前的公德观念与现在大相径庭,一个上海小姑娘,居然要和乒乓王国的高官要员比一比谁更厉害,而且还比赢了。假如我们将当年何智丽与指令她让球的领导换成如今的黄圣依和周星驰,居然可以看到有几分相像;领导一直觉得自己是掌控一切的,没想到让小小的何智丽走了先手。

如果说何智丽拒绝让球的厉害,体现的是弱势对强势的抗争的勇气,是一种"豁得出去"的厉害,那么厉害女人还需要另一种"豁得出去",那就是为人处世的"豁得出去"。何智丽的师姐曹燕华在她的《属虎的女人》(上海文艺出版社1998年10月出版)中,有一段写到了何智丽为人处世的"豁得出去"。据说何智丽知悉后曾经要与曹燕华打官司,后来则是相逢一笑。曹燕华写的是不是事实,是她和何智丽之间的事情,但是曹燕华写到的一类厉害女人,倒是完全真实,上海确实无处不有这样的厉害女人。我将它作为某一类厉害女人引用如下,权且将里面的曹燕华和何智丽都仅仅当作一个符号,而不是她们的故事——

"我很喜欢她,她对我也很好,总亲热地叫我阿姐。1984年底,我们姐妹俩外加耿丽娟在孙梅英带领下出访欧洲。访欧初期,孙老太天天围在小耿身边转,我们姐妹俩只能经常自己互相做临场教练,心中不免有牢骚:我们又不是后娘养的,凭什么这样厚此薄彼。东一句,西一句,把个孙老太说得一无是处。我们约定,一定要争口气打败她的心肝宝贝耿丽娟!

"几天后,到了莫斯科,我突然发现阿何变得怪怪的,整天像个影子,孙老太在哪里出现,哪里就有她。刚吃完晚饭,却拿几包方便面说怕老太饿了,给她送上去,队里发的水果也全数送进了老太的房间,她看我的眼神怎么也突然变得不自然了?我纳闷。小耿突然失宠,老太把她对小耿的热情转到了阿何身上。我的知心好友,小妹阿何把我卖了!果然,半年后的第38届世乒赛,上届世乒赛单打冠军的我被我的小妹取代(指团体名单),这其中的奥妙我至今也没弄明白。谁说阿何是傻大姐?这种平时大智若愚,关键时刻一炮打响的声东击西战术,别说我做不到,压根连想都想不到,该称傻大姐的,应该是我!在世乒赛女单决赛中,我三比一战胜了耿丽娟,成为中国女子第一个蝉联单打冠军的人。在酒店电梯前,遇到了昔日的小妹、如今的陌路人阿何,她在这次大赛中战绩平平,我心里多少有点幸灾乐祸的味道。这时,阿何开口了,是昔日那种温柔的语调:'阿姐,还是你行。'顿时,我感到浑身的鸡皮疙瘩一阵接一阵冒出来。我用奇怪的眼神望着眼前的她,仿佛从来就不曾认识她……"

这样的事情,当事人完全会有截然不同的解释。我们只是把它当作一个符号,来讨论小弄堂女人,可以相信,会有女人就是这么做的,因为小弄堂里跑出来的女人就应该是"豁得出去",豁不出去的女人就是被人家欺负。而且大凡弄堂里跑出来的女人,跑得到的地方,基本上也都是生存空间很局促的地方。比如去当了公交车的卖票员,或者去了纺织厂,去了菜场,去了街道工厂,都是斤斤计较的地方,而且也都是将斤斤计较当作本事的地方。

这样的女人，说起话来如果不带些脏话，就不足以表示出自己的强悍，尤其是吵起架来，不会骂人的就理亏；宁可被人家骂"雌老虎"，也必须像老虎一样的虎视眈眈；宁可被人家嘲笑"咋巴"，也不能处处沉默；宁可被人家说"戳刻"，也不能被人家说老实；宁可被人讲门槛精，也不能被人家当豆腐吃。这就是小弄堂女人的看家本领。

本来，何智丽作为一个时代的新闻人物，如果不是作家叶永烈的一组旧闻重提的文章，已经渐渐地从人们视线中淡出。叶永烈与何智丽有着近二十年的交情，当年就是叶永烈率先写文章力顶何智丽的违命夺冠。在曹燕华《属虎的女人》出版后，因为书中有对何智丽的评述，也是叶永烈代何智丽表示了对曹燕华的强烈不满，可见两人忘年交友情之深。2007年3月，叶永烈发表了《何智丽：我想有个家》三篇系列文章，写到了何智丽的如今生活，也重提了当年亚运会上"哟西哟西"战胜邓亚萍的往事。在叶永烈的博客上，三篇文章也相继上传，引来了千百万网民有关"爱国""卖国"的口水大战。

原来人们也就是将三篇文章当作饭后茶余的消遣而已，谁都没有想到，何智丽为了这三篇文章专门飞回上海，找到了《新民晚报》记者晏秋秋，对叶永烈的文章大为不满，声称"我不是叶永烈的广告代言人"，与叶永烈公开反目。根据晏秋秋的观察，这就是何智丽的性格，豁得出去。换一个别的女人，心里虽然不舒服，会碍于情面，说不出口，但那就不是何智丽了。对于何智丽来说，一旦觉得自己受气了，是不是二十年的交情，是不是要给对方留一点面子，一概不考虑。其实这和当年何智丽违命夺冠，是同样的"厉害"。而且也可以说,没有了这么一种"厉害",就不是何智丽,也就拿不了世界冠军。

在上海话中有这么一句:"拨侬(给你)点颜色看看。"所谓颜色,就是厉害。

草窝里的凤凰

　　有厉害的女人，就有不厉害的女人，小弄堂里不声不响的女人也有，她们成就了厉害女人的厉害。但是不厉害的女人肯定不全是懦弱的女人，虽然懦弱的女人很多。反过来，厉害女人往往很凶，但并非是坏，常常还是一个小弄堂仗义执言的女侠客，或者是小弄堂女人的"老大"。

　　在虹口区虹镇老街附近的一条小弄堂里，有一个厉害女人，权且就称她阿莉，小弄堂女人叫做阿莉、阿珍、阿娟的很普遍。阿莉心里老清爽的，在公用龙头，她就一直跟人家讲："阿拉这种人没用场的，全是草包，赚点小钞票。阿拉弄堂里真正有出息的，呶，就是45号削刀磨剪刀的哑子女儿，看了了好了。"哪个小姑娘是哑子的女儿？一帮子女人就没有怎么注意到过。阿莉说："所以讲，侬（你们）这种人全是戆棺材，这个小姑娘一声不响的，除了读书，从来不出来的，也不白相的，再热的天气也从来不出来乘风凉。听阿拉女儿讲，阿拉女儿跟哑子女儿小学里是同班同学，伊功课老好老好的，一直参加全国比赛得奖的。呶呶呶，伊来了，勿要响啦。"说话间，便有一个小姑娘走来，拎一只铅桶；天很热，但是她已经穿齐整，一条碎花的裙子，大概是弄堂里唯一一个到公用龙头不穿睡衣的女子了，而且还穿了凉鞋，不是拖鞋。小姑娘过来，看到龙头边的女人在看伊，便抿着嘴笑了笑，算是打了招呼，不声不响，等在后面，低着头，也不看人家。这世界也就怪了，用龙头一直是争先恐后的，打出人性命的事情也有发生，但是，小姑娘后头一立，倒是有两个女人让出龙头来了，先是阿莉："小姑娘，侬先来用。"小姑娘摇摇头："勿要紧格。""来来来"，阿莉拿伊的铅桶拎过来帮伊放水。"谢谢噢"，小姑娘讲闲话轻是轻得来。正好有一个小伙子从弄堂外头进来，阿莉喊牢伊："毛头，帮记忙，这桶水拎到45号。"毛头没弄清爽："啥意思啥意思？"旁边有人插嘴："拎到45号哑子屋里厢……"阿莉大眼睛一瞪："勿要啰嗦。"小姑娘旁边讲："用不着的，我自己好拎的。"阿莉讲："小姑娘，听我的，伊力气大来兮，侬是高材生，书读读好，考只北大清华，为阿拉这条弄堂争光。"毛头已经拎着一铅桶水进45号了，小姑娘依然是声音很轻地谢过，低着头跟进去了。小姑娘一走，女人们开始讨论了："养着嘎好的女儿，哑子福气老好的。""也算是要苦出头了，哑子老婆死的辰光，小姑娘还只有8岁。"

第二年，小姑娘果然考上了北大，创造了小弄堂的历史纪录。一直到全弄堂为小姑娘夹道欢送去北京的时候，大家都只晓得叫伊小姑娘，却不晓得小姑娘的名字。小姑娘依然是抿着嘴笑笑，低着头去了。小姑娘的哑子阿爸挨家挨户去谢了邻居，分了糖，另加一个很特别的鸣谢方式，给每家人家磨了一把刀，帮阿莉磨了两把。

五十多年前，上海汽车厂独立设计制造了一款轿车，在当时属于关乎祖国声望的大事情；起名字的时候，领导一锤定音："我看就叫'凤凰'吧。"过几天报纸上就刊登了长篇通讯《草窝里飞出了金凤凰》。小姑娘没有文化背景，没有经济依靠，没有求学氛围；据说在那条弄堂里，偶尔有男孩子考上一般大学的，女孩子还没有过大学生，偏偏小姑娘一考就考了个北大。几天后报纸上有一篇报道小姑娘的文章，标题就是《草窝里飞出了金凤凰》。

很多很多年以后，小姑娘的女儿都已经是小姑娘了，有一天看到了母亲当年居住的弄堂，看到了那篇文章，小姑娘对母亲说，那篇文章的立意错了，至少是标题错了。母亲问错在哪里？小姑娘说，不是草窝里飞出了金凤凰，应该是卧虎藏龙。这条小弄堂里，读书人出得不多，有本事的人很多。

这一定不是偶然。小弄堂里的人绝大部分都很平常，每年高考，小弄堂绝大多数都是落榜生，但是真正的高材生，往往也就是产生在小弄堂里；即使其他的考试、比赛，小弄堂绝对是不可小觑的。2006年的"超女"第一名尚雯婕，原来就住在闸北区芷江西路的一条小弄堂里。曾经有八卦媒体记者去拍过尚雯婕的弄堂照片，不见得很小，但是肯定不是居住条件很好的弄堂，有邻居在弄堂里晾被单。在参加超女比赛之前，尚雯婕曾经是复旦法语系的高材生，后来又在一家外资公司有一份薪金不薄的工作。看尚雯婕台上宠辱不惊的风格，听她从容淡定的谈吐，还会说一口很流利的、被称之为与上海一脉相通的法语，所有人都说，到底是上海女孩子，见过世面的，就是不一样。比起2005年的李宇春、周笔畅，最不一样的就是尚雯婕一身洋气，不讲话也看得出是上海女孩子。但是谁能想象得到尚雯婕曾经会居住在这么一个狭小的空间？尚雯婕是住在小弄堂的小环境里，但她又是生活在上海的大环境里。大环境的上海是她们与生俱来的基因,但是被小环境弄堂的坚硬躯壳紧紧包裹着。绝大多数的人一生一世就被包裹在小环境的躯壳里,有些人终于脱颖而出,以至于不熟悉的人根本无法相信她们是生活在那样的环境里。那样的环境与被人们已经默认接受的上海,简直无法相融。而对于熟知她们的人来说,像尚雯婕,像小姑娘虽然曾经或一直住在小弄堂里,但是她们从来就没有属于过小弄堂,所以当她们一旦离开小弄堂,就会和小弄堂外的世界融合,就会几乎抹去所有属于小弄堂的外在痕迹。

上海女性家庭地位普遍较高

上海市有关部门组织了"上海妇女社会地位调查",结果显示:94.9%的城乡女性对自己的家庭地位"很满意"或"比较满意","很不满意"者仅占0.3%。上海女性在家庭生活中"说话很有分量",家庭事务决定权中日常开支"以妻为主"占多数,在"买房或盖房""投资或贷款"等涉及家庭财政重大项目的决策上,"夫妻共同"决定的比例均超过三分之二。

(东方网 2002 年 6 月 16 日)

小弄堂就留给阿莉她们了。小弄堂的女人,社会地位是低的,但家庭地位是高的。因为老公在社会上也是弱势群体,所以小弄堂女人的话语权得到了张扬,社交能力得到了提高;要么是男人打女人,要么是女人管男人,风平浪静的人家倒是不正常了,小弄堂是最滋润"妻管严"繁殖的温床。小弄堂女人,照她们自己的话来说，事体做得多，闲事管得多，屁话讲得多；心肠是热的，脾气是爽的，喉咙是响的，便宜是贪的，利益是争的，家庭责任感是强的。

从类群上来判断，小弄堂女人是最不像上海女人的，也最不想做"上海女人"。小弄堂女人也是上海女人的一部分，但是与一般意义上的上海女人是有差异的。在她们的口音里，仔细听是有些许苏北口音的，也包括小弄堂里的男人，基本上都会有苏北口音的。他们的"我"，讲出来是"屋"的第二声；他们的"侬"，讲出来是"龙"；他们的"是"，讲出来是"四"，而不是上海口音的"兹"……许多年来，小弄堂女人是社会层次最低的，因为她们的父母或者祖父母大多是从苏北到上海来的，做的是剃头、倒马桶、扫垃圾之类的事情，渐渐的苏北人和剃头倒马桶扫垃圾，互为因果而备受歧视。以至对苏北籍上海人居住的地方有一个歧视的称呼，叫做苏北窟，更加歧视的是叫做江北窟。当说到苏北窟的时候，大家心里会有一个印象，它的区域，它的人，它的职业，它的房子，它的语言，它的生活习性……

对苏北人的歧视，在上世纪七八十年代达到了登峰造极的程度，也间接说明社会的愚昧无以复加。当时上海牌手表全国闻名，按表壳的含钢量来区分表的档次和价格，有"全钢"和"半钢"之分。不料因为"钢"和"江"在沪语中发音相同，被借来谑读，"全钢"代表某人父母双方均为江北人，"半钢"代表其父母双方中一方为江北人。类似的隐指，还有说某某是"苏州北门的人"，以表示其为苏北人。在改革开放之前，沪上很多男女的婚嫁，大多经过介绍渠道，非苏北籍上海人，十分在意对方的籍贯，在尚不完全了解对方情况和信息时，对方是否带"钢"，居然成为判断其家庭背景的重要标尺。真要是儿女背地里与带"钢"的谈朋友，还要硬生生地拆开，就怕一起跟着被歧视。许多小弄堂女孩子一心想通过婚姻摆脱苏北籍，但是没有成功，最后还是找了个苏北籍上海男人，养下来孩子，在报户口的时候，孩子的祖籍跟父亲，依旧是江苏扬州、盐城……

上海人有很大一部分来自浙江和江苏，比如宁波人、绍兴人、苏州人、南京人、无锡人，还有广东人、山东人等，这些地方的人在上海都是散居的，没有听说过宁波窟、苏州窟，却独独有一个苏北窟的实际存在。苏北窟的女人也被叫做苏北女人。原因在于，苏北籍上海人从事的低层次的服务性工作，收入很低，他们只能在当时的城市外围租借房子，再加上被当时的主流社会看不起，所以苏北籍上海人更喜欢与同乡住在一起，这就是苏北窟的由来。用"窟"来定义，一是歧视，二倒也是艰难生活的写真。因为贫穷，苏北籍上海人的居住地一直到最后动迁之前，仍旧是一片低矮的危房，甚至就是破陋的搭建。当这么一个地域化居住群落形成后，一方面加剧了原来的歧视，另一方面，在它内部没有了地域歧视。苏北籍上海女人也包括苏北籍上海男人，在单位里和大庭广众之下，他们没有一点点"这块辣（那）块"的苏北口音，他们恨歧视，却更想不让人家看出自己的苏北籍贯、听出苏北口音，但是一回到小弄堂，不讲苏北话反而会被小弄堂看不起。这也就是为什么苏北籍上海人的乡音那么顽强的原因，因为它是一直在积淀的。从现在的角度讲，这正是地域文化和地方语言发展的好办法。小弄堂几乎有点像是唐人街，是一个族群，有共同的地域文化,共同的地方语言,共同的社会层次;在上海就没有其他任何一个地域籍贯会像苏北籍贯一样保留着自己浓重的地域文化。

大家都是苏北籍,都是劳动人民,也就无所谓谁看不起谁;大家都是下里巴人,说话的时候就少了顾忌。有些话题,尤其是男男女女的话题,上只角的女人在想,但是没有人可以沟通;中只角的女人心里在想,但是不会和人交流;只有小弄堂女人,就自认是下只角了,百无禁忌,没有什么需要矜持的。在公用龙头处,往往就是议论中心,床笫之事,在这里就没有任何秘密可言。很多邻居之间的阻隔就是一张纤维板或三夹板,再低的声音也会传到隔壁,再加上床年份久了,总是吱吱嘎嘎,虽然主人总是会开着电视机中和了一些声音,但是到了第二天在公用龙头处,女人的乐趣还是会围绕着吱嘎吱嘎的声音展开,特别是昨晚的当事人来了之后,话题一定会掀起一个高潮。原本有可能由于居住条件简陋而造成的性压抑,通过公用龙头处的话语交流得到了释放。

性话题的开放性,只是性格开放性的一个枝节,也就是说小弄堂女人算得上是敢做敢为的女人,算得上是有冒险精神的女人。这种冒险精神,是小弄堂的与生俱来的精神,也是豁得出去的性格。小弄堂女人的冒险,契合了一个时代:上海第一批靠自己劳动发财的女人,大多诞生在小弄堂里。

那就是女个体户了。如果说上海女人是什么衣服都敢穿,那么,小弄堂女人就是什么苦都肯吃,什么生意都肯做。上海最早的女个体户就是来自虹口、杨浦的弄堂,而不可能是来自徐汇、静安的公寓洋房,公寓洋房里的女人是豁不出去的。

在2006年已经担任了上海市个体劳动者协会理事的杭丽萍女士，1981年高中毕业时，上海刚刚流行编织羊毛衫，她放弃招工考，申请了个体营业执照，随后买来了一台编织机，在家里织起了羊毛衫和尼龙裤。就这样，她成了上海改革开放后第一代的女个体户。两年后她加入餐饮行业。2006年，她盘下了一家2600平方米的酒家。

当然更多的个体户属于搞投机倒把一类，做水产的，卖外烟的，卖牛仔裤，卖电子表，卖马海毛；从福建广东进货，卖大兴名牌，在上海赚一个差价。后来还真越做越像样，越做越大，当然也是越做越厉害了。虽然她们自己的穿着依然成为全国人民的笑柄——穿了一身睡衣卖世界名牌，但是有一个事实一直被人们忽略：备受歧视、永远不入流的小弄堂女人，是上海时尚的最早推进者。最早的服饰市场是淮海路的柳林路市场，后来搬到了华亭路，再搬到襄阳路，再延伸到七浦路。在小弄堂女人贩卖大兴名牌之前，上海人只有老克勒们知道些古董级的名牌，几乎没有人知道世界的流行和时尚趋向。从梦特娇、皮尔卡丹开始，上海人从走私货当中晓得了一个集合名词："世界名牌"。这中间还有金利来领带、力士香皂、花花公子、卡西欧……有很长一段时间，名牌总是先在某一处个体户市场出现的，比如耐克最早出现在九江路，中百一店从来就没有卖过最时髦的世界名牌。如果不是小弄堂女人赚差价，如果不是因此给上海男人女人带来了时尚的信息，那么南京西路的梅龙镇伊势丹、中信泰富和恒隆以及其他的名店，还要晚开几年。所以，不管老克勒和娇小姐是否认同，上海时尚里面有小弄堂女人、苏北女人当年的吆喝，低层的人可以指导高层的人，不时尚的人也可以带领时尚。

而今，"苏北窟""苏北人"在年轻男女当中，已经成了古董式的词语。有一个上海女孩子，从长相到职业到家境，各方面条件称得上优秀，千挑万挑终于结婚了。婚庆大礼上，女婿用纯正的普通话介绍自己："我是扬州人，我的父母亲就在扬州生活。"台下丈人丈母娘一脸喜悦，女婿是扬州人，当然他还是清华大学毕业的，他已经是几百万身价的。新娘是宁波籍上海人，她说她从来没有想过苏北人有什么不好。

睡衣不是困衣

如果说上海女人有一百个优雅值得称颂,有一百个妩媚值得嫉妒,那么上海女人至少有一个缺点,至少有一个不能忍受的低俗,足以减去九十九个优雅,减去九十九个妩媚,那就是上海女人穿了睡衣满街跑。或者是去菜场,或者是去酱油店,或者是去学校接孩子,或者去邻居家打麻将,或者是在家里招待客人,只要是在夏天,甚至也包括晚春和初秋,那一身上下的睡衣是上海女人的标准服装了。白底子,绛红或者宝蓝或者土黄的小花,袖口和下摆镶了一圈深色的滚边,上衣有袋,裤子也有插袋,考究的做工示意着,决不是自己缝纫机踏出来的。有一位北方女士来上海旅游,看到穿着睡衣的上海女人时,竟然怀疑自己是不是在上海;张爱玲的故乡,新天地的邻居,时尚之都,天哪!怎么会冒出来穿了睡衣的女人?

上海八成女性文胸穿戴不当

上海市妇女病康复委员会公布的一项调查显示,本市79.3%的女性穿戴文胸不适当,主要表现在长时间穿戴、束胸过紧和不及时进行调整。这项调查人群年龄在20—45岁、有500人参与的调查结果表明,她们穿戴文胸每天都超过8小时,选择的文胸首要考虑就是紧身一点,价格昂贵一点,不会太多地去考虑健康因素。然而临床统计数据却显示,每天戴束胸文胸超过10小时的受调查女性,更容易患上乳腺疾病,其几率是穿戴时间较短者的2倍。

为此专家指出,女性除做好合理膳食、加强体锻、自我筛检外,还应科学使用文胸。女性科学使用文胸应该是每隔3个月就需要重新量体,根据自己体形变化使用适宜的吊带较宽的文胸。

(2006年7月26日《新闻晨报》)

虽然并不是每一个上海女人都穿着睡衣上街,而且也可以说,很多上海女人就极其看不惯穿了睡衣上街的上海女人,但是这一笔账就算在上海女人头上了,成为关于上海女人的一个话题。穿睡衣上街当然不雅观,同时也应该这么看,正因为是上海女人穿了睡衣上街,所以值得口诛笔伐,所以很出名。如果是某个小城镇的女人穿了肥大的短裤坐在街口,是不会有人非议的,如同一个成绩优秀的学生考了99分还是被老师批评一样。

张爱玲式的上海女人、林婉芝式的上海女人、陈白露式的上海女人,是不会穿着睡衣上街的,也是看不起穿了睡衣上街的上海女人的。但是小弄堂女人,或者还有石库门女人,是会穿睡衣上街的,她们从来没有觉得这有什么不妥;穿了睡衣上街的主流女人,大约也就是来自小弄堂和石库门。如果问她们,她们会眼睛一瞪说:问得怪哦?这衣裳有什么不好?是不是叫我穿三点式,还是叫我穿西装?说话的时候,说不定还带出了一些"赤那赤那"的市井切口。

市井文化有市井文化的肤浅，市井文化也有市井文化的理由；越往弄堂深处走，市井文化越肤浅，也越有理由。睡衣也是如此。所有对睡衣女人的抨击，都没有弄明白小弄堂女人和石库门女人为什么穿睡衣上街，更不知道她们是从来不会穿着睡衣睡觉的。她们晚上睡觉时候穿的是困衣，是极其简单的汗衫短裤，考究的睡衣是舍不得睡觉穿的。在她们眼里，上街的睡衣不是睡衣。她们白天穿睡衣时，里面是戴胸罩穿内裤的，晚上睡觉时穿的困衣短裤里面是真空的。按照某一位爱穿睡衣上街的女人的说法，衣裳里面戴胸罩穿内裤的，就不是睡衣。好像也有道理？

她们居住空间极其狭小，必定是公用的厨房公用的卫生，在夏日里她们从房间到厨房到卫生间不知要走多少趟，不像独门独户的主妇，甚至可以裸体做家务。她们没有这个福气，每天睁开眼睛看到的就是七十二家房客邻居，当然要有一套可以走来走去的衣服，但是又要可以做家务的。她们觉得睡衣还真是蛮大方的，该遮住的部位全部遮住了，而且很宽松很风凉，在充斥着男男女女邻居的公用场所，也很自然。睡衣的设计者恐怕也是深谙她们的尴尬，才会有设计上的灵动：睡衣居然有袋，上衣有袋，裤子也有袋。要知道夏天女人上街最烦的是什么？是一身上下没有一个衣袋，睡衣的衣袋恰恰助长了女人穿了它上街，一边袋袋里放点小钞票瘌头分，一边袋袋里塞只马甲袋，去菜场就方便了。在家里，睡衣的衣袋也有实际的用场，比如放一只一次性打火机到厨房间点煤气用，比如放一串钥匙回房间时用，比如放几张手纸去公用卫生间就急。没住过公用住房的人，根本不知道这一些鸡零狗碎的重要性。

还有另外一个用处，是连睡衣的设计者都没有想到的，证券营业所里做股票的男男女女，就有穿睡衣的。对于她们来说，睡衣是她们白天居家生活做家务的工作服，两套睡衣调上调下，每天洗一把，用衣架晾得服服帖帖；穿在身上还真蛮好看的，还真不便宜的。如果有人会跟她们说睡衣不文明，她们会反唇相讥："侬帮帮忙，我穿了嘎许多衣裳还不文明啊？难道还是穿吊带衫文明？"只有等到她们搬到独门独户的新居后，才会对睡衣有新的想法。存在决定意识，在什么时候都是一定的。

睡衣有袋，不是画蛇添足，反而可以联想到它的许多妙用，可以联想到它不仅仅对于小弄堂女人和石库门女人，而且也是对于整体的上海女人来说，是务实的需要和精神的象征。务实的需要很实际。这精神象征里包括的东西，是虚的也是实的。它会有上海女人的精打细算，会有上海女人的小聪明，会有上海女人的多快好省；对了，还有上海女人的私房钱。上海女人衣袋里收藏着各种各样的私房钱藏匿秘笈，上海女人的衣袋里收藏着上海女人的女人经。

公交公司有一帮子人去吃火锅，在菜单上打钩时，他们打钩很少，就是羊肉猪肉牛肉等。服务员说不够的，这帮子人说阿拉胃口小来兮的，不够再添好了。服务员端上来羊肉猪肉牛肉等，待服务员一走，有一个女人，飞快从自己包里拎出来一袋泥鳅，倒进了火锅。一边她在倒，一边一帮子人大笑，因为他们占到了便宜，自带食物就是不想让火锅店赚钱。倒泥鳅的女人嘘了一声："轻点，勿要给服务员刮三（发现），等一歇还有年糕。"

另一位女人，给老公洗衣裳，就是睡衣。男式睡衣左胸还有个表袋，正好放一包香烟，里面却有个老公单位的信封，空的，信封左下角有铅笔字"1200"字样，是老公单位发奖金的信封，但是老公昨天只给了她1000元啊。为什么少缴了200元，为什么老公单位发奖金不用钢笔写数字，而是用铅笔？原来老公单位，包括财务多有藏匿私房钱者，于是财务发明好方法，用铅笔写，回去缴多少自己决定。老公昨天发了钱后，是想擦掉2，改为0的，刚刚要想做手脚，人家就来叫他打麻将了，老公顺手信封往表袋里一塞，麻将一打什么事情都忘记了。

她们是很市井的上海女人，甚至她们代表了很多很多的上海女人，但是她们代表不了张爱玲笔下的女人。偏偏很多外地文化女士习惯了将张爱玲当作了上海女人的标尺，以为上海女人就应该是最漂亮的女人，并且以此来衡量她们看到的小弄堂女人和石库门女人。穿了睡衣，头上满是卷发筒，脚上是踢踏踢踏的拖鞋，手里拎了几个鼓鼓囊囊的马甲袋；这当然也是上海女人，也是真实的，而且真不少。

睡衣来睡衣去的，她们已经习惯了，虽然在外人看来，这种日子根本没有办法过下去，但是她们天天都在过，也不觉得很苦。

不过就在穿睡衣的女人中出现过异类，可以说异类的异端和睡衣完全没有关系，仅仅就是偶然；但是也可以说睡衣是异端的必然。

在离市中心较远的地方，有几个穿睡衣的女人被抓进去了，竟然是卖淫！乖乖！40岁了，哪能可以去做这种事体，老公晓得了哪能办？一家人家也要拆散了。据说她们有一帮子人，每天早上专门和民工小头目交易，50元一次。下午照样接孩子、烧饭烧菜，等老公回来。皮肉生意的钱贴到了家用，除了搓搓小麻将，自己一分钱也舍不得花。老公问怎么会有钱的，她们撒谎的口径几乎是教过的，说是在给人家做保险拿佣金，老公还相信了。被抓进去的时候，那几个女人都穿了一身睡衣。豁出去也要有分寸啊，这种事情怎么可以豁出去？真是枪拨（被）脑子打过呃！小弄堂女人习惯将"脑子拨枪打过"倒过来讲，以此更加强调当事人的糊涂。据说这个案子让有关部门非常伤脑筋，按照治安条例规定，卖淫者是要抓去送劳教的，也要通知家属，但是那样做那几家人家就完了。

还有一个女人，年纪不大，还是当老师的，更加豁边了，豁边到了震惊了上海。她就是杨玉霞。自己有老公，有女儿，跟那个有妇之夫男人通奸已经大错了，还去报复人家的老婆孩子，偏偏还用浓硫酸对着人家的8岁女儿一脸浇下去。人家小孩子又没有犯着你，人家小姑娘一生就被你废掉了。算你狠？算你豁得出去？要是豁得出去就去硫酸浇那个男人啊。案发后杨玉霞去派出所自首时，穿的就是一身睡衣。

当然更多的小弄堂女人不是这样。

小弄堂女人是善良的，她们是有道德底线的。但是不可否认，由于整体文化文明的缺损，她们的道德底线是脆弱的。在非常态下，脆弱的底线，就会显出它的脆弱来。就像是防洪的堤坝，它可以扛得住8级风浪，在8级以下的风浪袭来时，安然无恙，但是当10级乃至12级风浪袭来时，堤坝就一点点不由自主地松动，最后被冲毁了。

/ 第八章

女人妖：做就做，爱做的事

/ 风情发生地
苏州河，邮轮，和平饭店，法庭
/ 人影
亿万富翁，蒋佩玲，老夫妻
/ 语录
撒谎，宝贝，单眼皮，花功，糖衣炮弹
/ 课题
上海女人为什么不敢出位？

亚热情淑女

2006年11月25日,下午,大雨。一艘停靠在十六铺码头的邮轮,成了20多家境内外媒体的目标。经过财产认证的24位富翁,其中有13位财产超亿元,仅仅是买张当晚征婚的船票,就要付28800元。他们抱着"以结婚为目的认真寻找人生伴侣"的态度,要在邮轮上等候的32位美女中选择自己的"人生伴侣"。32位美女来自全国各地,是经历了四个月的姿色、道德、学识、修养等多方面的认证后终于获得上船候选资格的。

主办方对上船后的所有过程全部保密,拒绝所有媒体的采访,但是上海最大的时尚报纸《申江服务导报》还是做了六个版面的详细报道,有细节场面,有手机偷拍的照片。是否报社买通了主办者的某一个工作人员,还是买通了32位美女中的一个?有消息说,32位美女中的一个,就是申报的一个实习生,非常漂亮,是名牌大学的高才生,还是在上海出生长大的上海小女人;她完全不是通过关系去卧底采访,就是凭着自己的姿和智报名被录取的。

超级富翁和超级美女是否会燃烧起超级爱情火焰,还是因为自己的超级而倍生了戒备心理,并且使对方也倍生戒备心理?后来再也没有媒体对那一晚征婚派对做过任何跟踪采访和报道,所以价值28800元的征婚船票是否打了水漂不得而知。据说这个活动和报道受到了批评，有宣扬财色的误导。而从另外的渠道打听到的消息说，当晚征婚气氛一般，效果并不很好。

因为双方都在怀疑对方的真诚度，富翁怀疑美女是否看重的是他的钱，美女怀疑富翁是否看重的是她的色，颇有点像一部电影里男女主角的对话情景。

看着船窗外的如注大雨；或许一个富翁在问一个美女。"如果有一天我没有钱了，你还和我在一起吗？""会的。""会一直和我在一起吗？""会的。""会和我在一起直到我死去吗？""会的。""你撒谎。"这是富翁心里的结论。

看着船窗外黑漆漆的江面；或许另一个美女在问另一个富翁。"如果有一天我不漂亮了，你还和我在一起吗？""会的。""会一直和我在一起吗？""会的。""会和我在一起直到我死去吗？""会的。""你撒谎。"这是美女心里的结论。

美女和富翁的对话是虚拟的，但是在那一晚的邮轮上，24位富翁中的任何一位和32位美女中的任何一位，心里都本能地装了这样的怀疑，而且在对方千篇一律真诚的脸上，一点都看不出有足以否决自己怀疑的理由。

亿万富翁集体征婚算是不小的新闻，但是在上海没有成为话题，去报名的女孩子当然有，但是在生活圈子里听到的报名很少，更多的上海女孩子是把它当作一条娱乐新闻来看待，实在她们觉得这是一件野豁豁（沪语，离谱）的事情，根本没有想过要将自己的婚姻和这些富翁连接起来。在那一晚邮轮上的32位美女中，或许是有上海佳丽的，但不是俗常的上海女孩子。俗常上海女孩子谈婚论嫁，也要钱，也想未来的老公是一个大富大贵之人，如果是有媒人介绍，一定会问清楚对方的立升（沪语，实力的意思），上海女孩子是不可能嫁给一个穷诗人的；但是上海女孩子不习惯、而且也应该说是讨厌男人开宗明义把自己的财产身价报出来，一见面就是大谈自己的生意，一见面就要给女孩子几万几万，上海女孩子是属于要感觉，要情感的前戏，男人要送，也要送得不像送的样子。倒过来，上海女孩子正因为要感觉，要情感的前戏，即使心里已经看上了对方，而且还想把握住机会的，但是面子上也不想急吼吼的。上海女人自己是慢工出细活而成为上海女人的，对男人的要求也希望不是像黑旋风李逵，只有这样，上海女孩子的嗲和作会给对方一个慢慢欣赏慢慢接受的空间。一旦两个人的感情进入女孩子接受的轨道，那么不仅发展起来很顺利，而且上海女孩子的小女人柔顺也越来越浓，忠诚也是越来越坚强。

轨道是很重要的。感情的出轨，有时候就是轨道本身的问题。上海女孩子虽然善于嗲善于作，由于上海是一个浸染了很多江浙传统文化的城市，所以上海女孩子内心传统的很多。

上海女性其实很"传统"，但缺乏"独立"

上海女性在夫妻礼仪观念方面却相对传统，"相敬如宾""相亲相爱"成为首选，占 75.3%，保持夫妻之间独立性的入选率比较低，仅占 10.5%。

（2006 年，上海市妇联和上海大学妇女学研究中心的
"上海女性文明素养与文明行为"调查报告）

最传统的大概就是蒋佩玲了。时间的指针正好倒拨 20 圈。

1987年，一个叫于双戈的人从船上偷了一把六四式手枪，在一个银行储蓄所向女出纳员连开两枪，抢了钱后夺路而逃，跑到了女朋友蒋佩玲住处。出了人性命，蒋佩玲吓了一大跳，但是看着大难临头的男朋友，蒋佩玲给于双戈准备了钱和替换的衣服，还掩护他逃离上海，如果不是很快破案，蒋佩玲还有陪伴男朋友私奔浪迹天涯的打算。几天后，于双戈在宁波被捕，供出了蒋佩玲给他做的掩护和他的小兄弟徐根宝代他窝藏枪支。于是，蒋佩玲和徐根宝也同时被起诉。电视台作了实况录播。蒋佩玲在庭审中完全是一个弱女子，简单而诚实，对着女公诉人咄咄逼人的责问，她说："想想自己终归是于双戈的女朋友了，因此在案发后才为于双戈潜逃出钱出力。"就是这一番话，引起了观众的广泛同情。

最终蒋佩玲被从轻判处三年牢狱。判决后，无数求爱信，当真是寄到了当时还在狱中服刑的蒋佩玲手中。喜欢蒋佩玲的理由，是她的忠诚。至于那位小兄弟徐根宝在法庭上也是一副老实人模样，称自己是为了讲哥们义气。于是，"娶妻要娶蒋佩玲，交友要交徐根宝"的民间传言，在上海滩风行长久。后来，在蒋佩玲出狱后，上海有一个个体户愿意出10万元雇蒋佩玲的，蒋佩玲婉言拒绝了，在90年代，10万元还是一个天文数字。

一起凶杀大案中的帮凶，转而成为上海女人的涕泪和上海男人的钟情，这是始料未及的，也是除了上海而绝无仅有的。包庇窝藏的事情屡有发生，或者一脸凶相，或者鬼鬼祟祟，或者执迷不悟，或者混沌愚蠢，那样的包庇真是不会引起同情的。偏偏蒋佩玲不是，即使在法庭上，给人的感觉就是一个上海女孩子，怯弱的外表下含蓄着小女人无奈中的淡定，不推托，不躲闪，不哭哭啼啼，也不张牙舞爪，虽然糊涂却不是愚蠢。"想想自己终归是于双戈的女朋友了"这么一句，简简单单而不简单，上海女人的传统积淀，上海女人的文化修养，上海女人的大大方方，上海女人的不卑不亢，上海女人的小女人天然样，没有任何刻意的装饰，就这么向全上海男男女女老老少少做了电视转播。

有人评价说，到底是上海小姑娘。于细微处见精神，于非常中见品性，蒋佩玲就让大家见到了。

其实蒋佩玲就是一个很俗常的上海女孩子，只不过遭遇了非常事件，把上海女孩子的特性放大了一百倍。而俗常的上海女孩子因为俗常，而使自己的上海女孩子特性被忽略了。

上海更多的是被看作一个十里洋场，一个奢华的城市，上海女孩子的一招一式、一颦一颦都会受到公认和赞誉，于是上海女孩子似乎就是一个脱离不了虚荣的人，脱离不了被物质吸引的人。

有个上海女孩子，大学里就和一个男同学好上了，好上之后，才知道男同学家境很一般，无法给他们买房子贴补首付。她的死党游说她，自身条件很好，何不再找一个下家！连自己的父母亲都劝她再考虑考虑。但是女孩子眉头一皱："叫我哪能跟伊讲啦？"女孩子继续着自己的恋爱。女孩子心里也有对富裕的期待，也会想到再找一个下家，但是"叫我哪能跟伊讲"，成了继续恋爱的理由。如果要说上海女孩子有什么特性的话，那就是豁不出去。别看她在穿着上很大胆很性感，热裤也好，吊带衫也好，可以露的部位一点没有少露，和男朋友也早就建立了稳定的性关系，但是在主导人与人的关系时，豁不出去了。温婉自己，体贴对方。这也就是蒋佩玲的处世方式，也就是俗常的上海女孩子的处世方式。

看上去好像并没有地域的区别，上海女人的特质，其他地域的女人也会有，但这只是大略的相同，只有当上海女人和非上海籍女人处于同一个空间，在同一家公司工作，那么差别不仅有，不仅不是细微，而且就是泾渭分明。

上海女孩子M在某家公司上班。粗略看，这个空间里人与人的区别只有性别。所有的女孩子都讲普通话，都有点挑染的头发，着装也都既休闲又得体入时，连电脑桌上的摆设和喜欢的零食都找不到差异。在内心里，M觉得自己是骄傲的天鹅，在公司里无疑是最漂亮的、最性感的，也是最聪明的，而且自己是上海人，上海女孩子没有几个，比起更多的非上海籍女孩子，上海女孩子自然会有很多的优势，领导重用的就应该是像她这样的上海小女人。

M后来明白，自己想也想错了，做也做错了，领导重用的恰恰都不是上海女孩子，而是非上海籍的女孩子。在同一个空间里竞争，上海女孩子一般是竞争不过非上海籍女孩子的。非上海籍女孩子待人亲切热情，尤其是对上司，会招呼得很亲热、很响亮、很主动，还会嘘寒问暖，问得上司很舒服。M这样的上海女孩子真是相形见绌，看到上司，嘴唇咕哝一下算是打过招呼了，上司没有指令，M是不会主动找上司的。在工作上非上海籍女孩子善于主动请缨，上海女孩子则是只做领导吩咐的。虽然上海女孩子以嗲出名，但是在这么一个职业空间里，真正嗲得出来的，真正会对上司发嗲的，往往是非上海籍的女孩子。上海女孩子的嗲经常嗲错了地方，是对自己发嗲：一不开心就落眼泪，就不睬人，再不开心就辞职不干了。非上海籍女孩子抗击打能力强得多，上司再骂也扛得住。非上海籍女孩子的核心竞争力在于她们有生存危机，她们要在上海生存，要自理租房和房煤水电，辞了职这些钱怎么付？M知道自己已经在下风。没有办法，她也想去讨好上司的，但是说出来的讨好话，做出来的讨好事，连她自己都不满意。上海小女人骨子里的矜持、骄傲、退路，无时无刻不在打击着自己，磨损着自己的优势。

曾经有过一个报道说，在一般公司里，充任骨干的主要是非上海籍女孩子，但是真正可以担当总经理或者老板秘书的，又是上海籍女孩子，因为上司需要一个完全了解上海的女孩子。这种完全了解，往往是体现在一个很小很小的细节上。

清明节前，上司心血来潮要吃青团，刚刚说了半句，就有几个女孩子举手效劳，但是上司叫了不发声音的M去买。M去买了，等M买回来时，上司办公桌上已经有两盒青团了，而且有一盒已经吃过一个了。M问了上司一句："青团还要哦？"上司说当然要的。上司打开M买来的那盒，咬了一口，问："为什么侬买来的青团比伊拉买来的好吃？"M说："我也不晓得呀。"实际上M是晓得的，但是上海女孩子的脾气决定了她不想说晓得。上司叫来那两个女孩子，问各自是在哪里买的，回答说是在超市大卖场买的，口气中有一点很正宗的感觉。M说是在乔家栅买的。于是上司给那两个女孩子上课了："地道的上海人，是不会去大卖场买青团的，一定要到乔家栅、王家沙、沈大成、绿杨邨这些人家去买，青团是有品牌的，咬一口，就会有麦青汁的清香，让人有'咬春'的感觉，比起放色素的青团，味道完全不一样的。不是上海人，无论如何也搞不清楚的。""是啊！"那两个女孩子觉得简直是在听天书。

湖北女作家池莉对上海的青团也有同样的认同，有一次到上海来扫墓，"我在一家大超市买青团，六只一盒，三元钱。回来路过好德便利店，青团却是一盒六元了。好德便利店是上海人自己开的，服务员是阿姨型的……阿姨好脾气，耐心教我道理，说：这青团是好的呀，那青团是摆摆样子的呀。要是自己吃么，一定要买这青团。"（池莉《上海的现实主义》）

在上海，要找到新天地、恒隆、外滩18号、大剧院，是很容易的，要知道青团哪一家老店最好，对于一个非上海籍的女孩子来说，是有难度的，乔家栅，那实在是闻所未闻的名字。但是对于M来说，这不是问题。细节决定成败，一盒乔家栅青团使M重新回到上司的视线中。

是嗲还是发嗲

说到上海女人,好像不说到嗲,等于没有说到上海女人,但是有多少篇写上海女人嗲的文章,说到了上海女人了呢?很少有将上海女人的嗲写完整的,至少很少写到发嗲,更少写到嗲和发嗲是不是一个意思。

在背后议论女人A:"你觉得吧,A蛮嗲的。"

在背后议论女人B:"你觉得吧,B蛮会发嗲的。"

是一个意思吗?同样的褒义?同样的贬义?还是一个褒义一个贬义?

说一个女人嗲是褒义,说一个女人发嗲是贬义。因为嗲是从里而外的焕发,发嗲则是像吹气球一样吹出来的。发嗲与嗲的关系,类似于东施效颦。

"啊哟,侬哪能嘎嗲啦?""发啥个嗲了?""嗲不死侬!"当一个女人被人家这么说的话,这个女人是被人家讨厌的。大多数男人喜欢遇到嗲的女人,但是讨厌遇到发嗲的女人;假如遇到一个女人不仅发嗲,而且还口口声声说自己很嗲,是嗲妹妹,实在是汗毛也要竖起来的。道理很简单,发嗲的人是不嗲的人,嗲是让人家感觉到的,不是自己说出来的。林黛玉林妹妹最嗲了,在《红楼梦》里没有第二个称作妹妹的,可见她的嗲是被公认的,但林黛玉从来不说自己是嗲妹妹。相反倒是一直不承认自己嗲的："我可不配呀,我怎么比得上宝姐姐呢?"以前身体虚弱的小姑娘也被叫做嗲妹妹,如果她真是嗲妹妹,是不承认自己嗲的："勿要瞎讲,啥人嗲了!"

当然发嗲的女人很多,以嗲自居的女人也很多。有一个自称嗲妹妹的小女人,常常发嗲的,但是一转身打起手机来,哇啦哇啦,声音具有刺耳的穿透力,那就是她本质上不嗲的一面。

关于嗲,迄今为止分析得最精当的,是袁幼鸣1991年写的《两性关系中的上海男人与女人》。作为一个上海新移民,他对嗲作了有点刻薄、却一针见血的评述——

"嗲"是什么？要谈上海女人与其他地方女人不一样的地方,把握其根本特点,必须抓住这个词,起码意会它。因为它属于上海人特殊的价值判断标准体系,反映着女人的追求目标和男人的兴趣指向。但它太复杂、太微妙、太有分寸,基本上又只有在它和它判断的对象联系在一起时,才能说清各种具体的内容。因此,所有的非上海人一般是懂不了的。普通上海人会具体运用,但要概括尤其指出背后的东西也不可能。

一种解释是："嗲"是上海人对女性魅力的一种综合形容和评价,它包括了一个女人的娇媚、温柔、情趣、谈吐、姿色、出身、学历、技艺等复杂的内容。有先天的、也有后天的,有硬件的、也有软件的。

一个漂亮但带苏北口音的女孩,人们不会说她"嗲"。有人说她"嗲",那是她同一阶层的人。说她等于恭维自己。

一个出身高贵但说话很冲的女人,人们不会说她"嗲"。有人说，可能有不可告人的目的。

有知识但矮胖的女人，人们不会说她"嗲"。有人说，除非是近视眼。

跛子、驼背、卖蛋女，心灵再美，也是谈不上"嗲"的。

可以顺着袁幼鸣的刻薄继续刻薄下去。应该承认，嗲包括了一个女人的许许多多方面，袁幼鸣概括到了娇媚、温柔、情趣、谈吐、姿色、出身、学历、技艺，其实还包括身高、音色、体重等生理因素。而且因为嗲，当一个女人做对了什么事情或做错了什么事情的时候，她更容易获得人家的认同或宽容。对女人的嗲和不嗲，命运是不公道的。

某日，一个女孩子开车，因为拿驾照不久，刹车不及，撞到了前面的小车，虽然不严重，毕竟把人家的尾灯撞坏了。女孩子下车，前面小车的男人已经冲过来了，脸色很难看。女孩子先开口："不好意思，我哪能会撞着侬格啦？"男人心里就想：废话，侬撞我，还要问哪能会撞着我？但见她倒是一点不狡辩，承认是撞他，男人火就发不出来："哪能撞要问侬格呀。"女孩子又问："格么，格么……撞坏脱哦啦？"男人笑出来了："尾灯也被侬撞下来了，还问撞坏脱哦。"女孩子又说："格么，要紧哦啦？"男人有点哭笑不得："侬讲要紧哦？""格么，要赔侬哦啦？""啊哟，算了算了，算我倒霉。下趟开车子当心点。"女孩子最后一句话恰恰是第一句话："不好意思噢。"

兵不血刃，嗲不赔钱。女孩子一点没有发嗲，更没有搔首弄姿，但是一副认错、幼稚、柔弱的样子，核心就在于嗲，嗲得男人发不出火，嗲得男人放她生路。男人是倒霉啊，倒霉的不是汽车被撞了，而是被一个嗲妹妹撞了，白撞。男人是会吃嗲的。

如果这个女孩子长得黑不溜秋，小眼大嘴塌鼻梁，声音沙哑，虽然这不是缺点，但是嗲是说不上的，说不定也就把人家的尾灯赔了。

或许可以这么说，嗲是上海女人的自我审美能力，当这种审美能力强的时候，就容易被人家接受。所以，嗲是有基准线的，不是每个女人都可以称得上嗲的。上官云珠、舒淇、林志玲，还有《冬日恋歌》中的崔智友，是嗲的。大陆当红女明星中，还没有一个真正算得上嗲的女明星；江珊刚刚出道时，在《过把瘾》里面是嗲的，不过也就是嗲得昙花一现。

嗲是一种分寸，是一部分女人天然的黄金把握。这种黄金把握的意思是，她的嗲具有精密度和精准度，这两个度，像一个人的肤色，几乎就是天生的。嗲，就是娇滴滴。望文生义，好比是清晨树叶上的一滴露珠，树叶有点撑不住露珠的重量，露珠在树叶上慢慢淌下来；这一滴露珠如果太重，一下子从树叶上滑下来，如果太轻，就沾在树叶上，不会挂在树叶尖。当看到一滴露珠挂在树叶尖上，将滴而还未滴，就是娇艳欲滴的时候，就是娇滴滴，就是嗲到了恰到好处。这应该是有超高难度的，但是对于那一滴露珠来说，她就是这样很自然地挂在树叶尖上。

新时代的新嗲经

裸睡，至少热爱一项运动，哪怕是床上运动。爱过很多次，但从不为谁要死要活。养宠物不养小孩。居室可能很简陋，但至少有一张舒服的沙发。不对别人嘘寒问暖,也不喜欢被人嘘寒问暖……

(《新周刊·飘一代的50个细节》)

嗲和作算得上是上海女人的两大特产。如果说,嗲的另一面是发嗲,那么,作的另一面就是瞎作。有嗲的女人,就有发嗲的女人;有作的女人,就有瞎作的女人。所谓女人的作,是女人在说不,反复说不,永远说不,当然在所有的"不"中,有一个"是",只是她不告诉男人,让男人像解几何题一样地去破解那一个"是",解不出来是男人的情商有问题。比如一个男人约会一个女人,请她去跳舞,她说不;请她去唱歌,她说不;请她去看电影,她还说不;男人就去想,三个"不"中间可能存在的一个"是",跳舞大概是真的不喜欢,空气太混浊;唱歌两个人没有气氛;为什么不看电影?其实女孩子是觉得票价太贵,刚认识,不好意思花对方的钱。男人还是找到了答案。而瞎作,看上去和作一样,也是女人在说不,反复说不,永远说不,区别在于,在所有的"不"中,根本就不存在一个"是"。男人也是像解几何题一样去破解那一个"是",最终发现这一道几何题是缺少已知条件的,是无解的。当遇到一个瞎作的女人又恰恰是发嗲的女人的时候,男人要被伊弄伤脱的。

有一个蛮好看的小女人,和爱人一起搬进了新居。做家具时,她跟木匠说要做一个早餐架,而且还把杂志上的图纸尺寸交给了木匠。木匠很快做好了。爱人看到了,不知道是派什么用场的。女人告诉他这是早餐架。爱人显然是没有明白,问她:"我们有餐桌，还要在餐桌上放一个架子？"女人笑吟吟地白了他一眼："不是的，真老土，连早餐架也不晓得，是放在床上的，在床上一边看电视，一边吃早餐，有情调哦？"男人明白了，却更不明白了："床上吃早饭，那么啥人烧给阿拉吃，啥人拿早饭送上来？阿拉又没有钟点工，就算有钟点工进卧室也不好。"女人这一次又是白眼又是咯咯咯笑起来了："侬哪能嘎拎不清，烧早饭送早饭么全是侬呀！"男人终于全部明白却想不落了。这个早餐架一直没有正式启用过，直至他们分手。女人整理行李离开时，男人心里想叫她把那个早餐架带走的，但是没有说，女人也没有带走，或许是想到自己一个人是用不着的，而直接带给下一个男朋友好像唐突了点。后来那个早餐架被男人摆在阳台搁花盆了。

　　这个女人是作的，不过是瞎作。如果说小作怡情，那么瞎作伤神。寻常男女在吵架时，男人不耐烦时就会冒出一句："侬瞎作啥么事作啦？"再不文明一点，就会眼睛一瞪："侬瞎作作屁作啊。"除了瞎作，这个女人还是嗲的，不过是发嗲。当发嗲和瞎作变成一个复合体的时候，杀伤别人，也是杀伤自己。

　　"做爱做的事，交配交的人"，是一个有歧义的段子，但是可以从中提取两个关键字"爱"和"配"，并且可以推演出这样的结论：爱情需要配合，嗲和作需要温存。在一般的交际关系中，发嗲和瞎作导致的是人家的冷眼和嘲笑，那么当发嗲和瞎作渗透进两性关系时，一定不是长治久安的好事情。有一份官方数据称，上海离婚率逐年增高，2006年每天有102对夫妇协议离婚，且离婚夫妇趋年轻化，"80后"离婚群迅速扩容。当我们可以将嗲和作看作是上海女人男人的情愫酵母时，我们也许不得不认为，发嗲和瞎作是对情愫的焖热，以至于焖坏。发嗲和瞎作当然不是离婚的主要导火线，但也许是许许多多根离婚导火线中的一根。有一个男人在离婚后大叹苦经："实在被她瞎作作死脱了。"

一个嗲得适宜的女人，一个作得有味道的女人，是有潮流生活的，不见得是奢华，但是肯定是入时。估计，在黄浦江上亿万富翁征婚的邮轮上，一定也会有美女很嗲的样子，作当然还未到时候。只是不知道这样的嗲，在亿万富翁的眼睛里，是嗲，还是发嗲。

《苏州河》里的美美质疑般地问摄影师："你会不会来找我？"摄影师嘴上在承诺，心里就是在想：侬哪能嘎作啦！

与嗲和作有点相像却又不同的，是女人的花。有花功道地的女人，却没有承认自己花功道地的女人。嗲、作和发嗲、瞎作，是对一个女人的品位判断，而花、花功，是对一个女人的道德判断。花和花功并不一定是男女暧昧的行为，比如一个媳妇讨好婆婆，一个女下属讨好男上司，都可以说是花的。有人会对人家说："啊哟，侬花功道地，头头被你花得头头转。"对方一定否认："勿要瞎讲噢，啥人花功道地啦！"因为花是有企图的，是为了一个隐晦的目的，女人当然不愿意承认。但是，花也是女人的一种技巧，嗲的女人不见得会花，花的女人一定会嗲，而且嗲得一点不露痕迹。

曾经看到过一个女人以色谋权的案例，直至案发这个女人还在看守所以色谋逃，还几乎成功。看守所所长见多识广，按理说是不会栽倒在一个女囚的桃色阴谋里的，但是实在是女人一个很小的、又很嗲、又很花、又很到位贴切的细节行为，花倒了看守所所长。在一次提审时，女人很顽固，到了中午1点多，提审一无所获，所长对女人有点愤恨："你不要拖了好吧，我们都被你拖死了，告诉你，我还有低血糖的，到现在中饭都没有吃。"看守所所长这句话，恐怕跟所有的囚犯都说过，是想用自己的疾病感化囚犯，早点坦白。只有这个女人凭着所长这句话，倒过来感化了所长。第二次提审时，女人被带进提审室，走过看守所所长的提审桌边，女人停住脚步，从衣袋里掏出一颗糖给所长。押警眼睛一瞪："干什么！"女人径直对所长说："所长，你有低血糖的，不要为了我的案子饿坏了，饿的时候吃一粒糖，血糖就正常了。"说这话时的神情，女人居然就不像是在看守所。所长对女人说："糖你拿回去，但是为了这颗糖，我还是要谢谢你的关心。"后来，后来的故事可以省略了，就是女人彻底花倒看守所所长的故事。后来这个看守所所长为了这个女人被判了重刑。

　　这个女人和这个看守所所长是不值得同情的，但是这个女人的花功是不得不令人服帖的。细节决定成败人人明白，但是细节在哪里不是人人明白的。细节出现时抓住细节，才是抓住成败。花的女人一定是极其聪敏而又极其仔细的女人。一个身陷囹圄的女囚可以记住审判者的一个生活细节，可以抓住审判者自己都忽略的事情，一颗糖果然成了糖衣炮弹。不是每一个女人想花就花得起来的。

最后一夜

嗲之所以成为上海女人的一个品牌,是因为上海女人嗲得有分寸。当然这是一个基本概率,肯定也有嗲得人家吃不消的。嗲的基本形象是讨人喜欢的那种。上海女人嗲的分寸来自比较内敛的性格和比较温和的待人接物。上海女人既嗲得要有感觉,又是适可而止,而且一门心思要维护的是自己的城市文化淑女形象。

上海女人每年花7300万元开双眼皮

目前上海40多家整形机构中,平均每家每天要做5例双眼皮手术,以平均每例1000元计算,上海人每年仅花在双眼皮上的手术费就高达7300万元。

(《外滩画报》2005年6月21日)

从地域上来归纳,上海女人单眼皮不少。虽然口口声声赞美单眼皮女孩,但还是按捺不住对双眼皮的憧憬,从1980年代开始,上海女人对自己身上动的第一刀就是在眼皮上划出一条线。

相比之下,上海女人隆胸的愿望远不如开双眼皮强烈。某整形医生说,到他们医院做隆胸手术的绝大部分是外地女人,上海女人很少。上海女人更喜欢在胸罩上美化自己,而不是在乳房上扩充自己。道理很简单，不安全，恐怕有后遗症。对于上海女人来说，一旦涉及有可能的不安全，那就到此结束。除了安全上的考量，上海女人不喜欢隆胸，也与自己的不太夸张、不喜欢太夸张的性格有关。那种极力地"挺好"、硬生生地挤出一条乳沟，领口开得很低的风格，一般不是上海女人的喜好。

况且上海女人对自己的胸围还很满意。新加坡《新明日报》2005年4月6日刊登的《京沪粤台女性身材调查》文章说："一份调查数据称，北京女性的胸部最大，广州女性的腰最纤细，上海女性的胸部最坚挺，台北女性则比例较匀称。北京女性腰围最粗，但仍有36%北京女性对自己腰围感到满意；上海女性的胸围虽然最小，但她们的上胸围与下胸围的数值差距最大，意味她们的胸形最完美、最坚挺；广州女性腰围最细；台北女性最不满意自己的身材，她们不追求胸部大小，却担心不够坚挺。"这份调查一方面点到了上海女人的胸围软肋，另一方面却很贴近上海女人的心理需求和性格定位，那就是匀称、和谐。

不仅对于俗常的上海女人来说是这样，即使进入公众领域，上海女人明显的矜持，真正豁得开的，而且靠着豁得开成名的上海女人很少。

最近几年在文坛、娱乐圈和网络上成就了一批出位的女人，她们的知名度都是以极其迅猛的速度覆盖全中国；如果细细地将她们做一个地域的归类，会有一个有趣的发现——这并不是地域的歧视或者地域的崇拜，而仅仅是客观的归类——很少上海女人。靠身体写作的性爱专栏作家木子美是广东人；高举"下半身"旗帜的尹丽川是重庆人；在博客上实时更新自己裸照的网络写手竹影青瞳是福建人；同样把自己清晰的裸照张贴在了网络论坛上的流氓燕是湖北人；芙蓉姐姐是陕西人；在天涯真我版清一色上传敞胸照自我秀的二月丫头是浙江人；"想把我的玉照给大家欣赏"的欲望女神是湖南人；"曾被强奸，所以有人体捍卫"的海容天天是湖北人；"我暴奶露臀是为了卖思想"的黛秦是陕西人；要打碎娱乐圈潜规则的张珏是湖北人；把自己和赵忠祥的事情自我曝光的饶颖是北京人……可能还会有这一个那一个的女人。有一个粗略的印象，大红大紫的网络女郎里，没有上海女人的名字。当然上海有以《上海宝贝》出名的卫慧；2007年王家卫准备开拍《上海宝贝》，宝贝的出演者也是一个大胆出位的性感演员白灵；不过卫慧是浙江人，只是读大学到了上海，算不上是真正的上海人；白灵是四川人。

上海唯一一个以出位成名的是宫雪花。1995年，她以47岁的年龄参加亚姐选美引起了轰动，而后便经常可以看到她在电视上的挤眉弄眼和丰乳肥臀的造型，也经常听到她说话很大胆，无所顾忌。宫雪花原来是上海人，后来去了香港。宫雪花确实不是特别上海女人腔的。回过头去看宫雪花十一年来的出位，主要都是宫雪花说出来的，不是她做出来的，她没有在网络上公布自己的出位照片，也没有写性爱日记或者性爱宣言。她曾经说她很爱一个部长，她曾经把与作家张贤亮的关系渲染过一阵，她曾经说赵薇的外公与她谈过恋爱，她还说过《满城尽带黄金甲》里巩俐的乳房如何如何，这一些与当今的出位美女相比，也算不得出位了，也就是享受一下口头的快感而已。而且再仔细分析宫雪花，似乎她一天到晚在谈自己的过去未来、男人女人，其实她把自己隐藏得很深,她的两个儿子的父亲,她一直避而不谈的,出位出到什么分寸上,她心里是有数的。旁观者可以怀疑她所说的过去是否真实的过去,可以怀疑她所宣称的被她掩盖着的内幕是否有内幕,但是没有人会觉得宫雪花的下一个惊人之举是要做一个视频的出位演出。比起大部分上海籍女明星的矜持和内敛来说,宫雪花是出位的,奔放的,但是比起其他地域的出位女郎,宫雪花无疑又算不上出位的。

这不是在刻意讨论道德和地域的关系。撇开道德与是非的判断,在一个号称是"色女时代"里,在一个"色女郎"群舞的时代,真是很少上海女人。上海女人是不善于出位的,其原因会有她们自身的道德基准,会有她们的文化基准。与其说她们不善于出位是因为过不了公共道德门槛,还不如说她们过不了的是自己小环境门槛。她们的父母、她们的同学、她们的同事、她们的朋友、她们的邻居,这个小环境对于上海女人来说,远比大环境大道德要紧得多。上海这座城市的女人,向来不是以"豁出去"作为生活理念。上海女人的大胆在于什么衣服都敢穿,而不是什么衣服都敢不穿。上海女人喜欢跟人家比穿衣服,却很少和人家比脱衣服。上海女人也有很强的服装表演欲,而且还比别人强。上海女人也有很强的表现欲,有一个流行词"拗造型"的原意,就是上海女人拍照时喜欢做各种各样的造型动作。但是上海女人的表演表现平台,显然是在马路上,在单位里,在派对,在酒吧,在同性和异性朋友中间,是一种很直接地被人家发现,是一种很直接地在被别人发现中获得的快感和交流;还有什么心中的窃喜比得上来自陌生人的回头率和来自朋友的会心一笑?

上海女人喜欢这么一种直觉上的感觉，让自己在一个真实的环境里获得感觉上的快感。这么一种真实环境的感觉，有时候比较实际，有时候比较空灵；实际和空灵都是上海女人喜欢的追求的。比如上海待嫁女性对理想老公的年薪要求是10万元左右，也就是月薪8000元。这是实际的，有了实际，就可以满足空灵，正像是有一篇文章写的：去音乐厅听音乐，在宜家买家具，喝红酒，热爱生活，去哈根达斯，练瑜伽……在上海的茂名路，新开张了一家饭店"黑暗餐厅"，它的二楼是"黑"的主题区域，客人在盲人服务生的带领下，经由黑色通道进入百分之一百的黑暗用餐区。黑暗餐厅一开张，便口口相传，成为上海年轻女人的一个向往。而黑暗餐厅三个创办人之一的Century Xie，是一位年轻的设计师，也是一个百分百的上海女孩。她曾受聘于法国汽车巨头，并在毕业后受邀赴法国巴黎担任设计师职位。

这就是上海女人的实际与空灵，一生穿插在梦的追求和梦的回味中。这样的梦常常是和虚荣心连在一起的，更进一步说是以钞票做基础的。问题在于，当一个女人有梦而没有钱的时候，她是否还应该坚持她的梦的追求？"穷且益坚，不坠青云之志"，这是就一个人的意志和理想而言，那么对于一个上海女人，对于一个亲历过城市开化和物质文明的女人来说，穷且益坚，不能舍弃的就是梦想。

有着一百零一年历史的和平饭店要大修了。这则消息对许多人来说，像是一块小石子丢进了大海一样的平静。据说和平饭店此次大修耗资5000万美元，是脱胎换骨式的大修。有传说，原来很多经典设施因为老化将被淘汰，比如那一个独一无二的小电梯，比如客房里的橱柜、床帮等。至于到底脱胎换骨到什么程度，和平饭店一直讳莫如深。这个传说似乎也应该是波澜不惊。

就是这么一个消息和传说，急坏了有"和平饭店情结"的上海老太太和她们的老先生。2007年元旦刚过，虽然是旅游淡季，但是和平饭店的特色经典房间突然供不应求，需要提早预定。来的大多是老人，甚至还有海外的旅居者，他们想趁和平饭店改头换面之前再度重温记忆："不知道以后是铺瓷砖还是大理石了，喜欢现在的弹簧地板；瓷砖和大理石太冰冷、太硬，唯独老式弹簧地板，踩上去有温和的感觉。"

"再睡几晚老饭店"成了一些人的心愿，"下次来可能就没有机会再住到和平饭店的老房间了，这次就当最后的奢侈吧"。有人迷恋老式的弹簧地板，有人迷恋"年事已高"的行李架，有人甚至对钉在房门上的房间号情有独钟，还有那一支象征和平之声永不落的老年爵士乐队，大修后是否还有他们的一席之地……

这种伤感，仿佛是情人即将远足。如果没有一段极其美好的记忆，是无论如何也伤感不起来的。童义煜和钟树瑛这一对上海老夫妇，五十年前就是在和平饭店办的结婚宴席。他们青春岁月最绚烂的起点落在这座承载着悠远历史的大饭店。在听说和平饭店要大修的消息，自然比别人还多一份牵挂。

他们写信给和平饭店经理，还寄去了1957年喜宴的菜单和收据，一共五桌，每桌是30元。信的末尾，老人还流畅地用英语抄录了他们当年最喜欢的苏格兰民歌 *One day when we were young*（《当我们年轻的时候》）。一看到这个报道，所有人都有一个共同的感受：一对老克勒的浪漫婚恋。因为在1957年，和平饭店是奢侈中的奢侈，当时结婚办酒席大多是在家里，去饭店办酒席的很少，更何况是在和平饭店办酒席，一定是很有钱的人家。当时的30元一桌，比现在的3000元还贵，30元相当于5个人一个月的最低生活费总和。

《现代家庭》杂志女记者王慧兰去两位老人家里采访。出乎记者意料的是，老人不是住在老克勒应该居住的地方，而是住在杨浦区国和路的老式公房，那里一直是工人云集的区域；进了楼，更出乎记者意料的是，老人家里没有任何老克勒应该有的红木家具之类，居家之物，准确地说，很是破旧。这么一个景象与和平饭店的结婚喜宴显得格格不入。是否经过"文革"，老人境况发生了太大的变化？记者问老人当年的家境和当时他们的身份。老人一说，真把记者说懵了，老人说结婚的时候，他们就住在杨浦区，他们没有钱的，新郎是灯具厂工人，新娘是纺织厂工人，连轧朋友时荡马路从杨树浦乘电车到南京路还特意少乘一站，就为了省3分钱。但是他们喜欢和平饭店，所以咬咬牙，就把酒席定在了和平饭店。如果不是咬咬牙，如果不是非常喜欢和平饭店，他们也不会把当年的菜单和收据保留到现在。

老人是在大杨浦老式公房里讲述自己当年的温馨故事的。唯一与破旧家具不相和谐的，是两位老人怎么说都无法掩藏的亲历过城市开化和物质享受的妆容举止。同去采访的《新民周刊》摄影记者潘文龙说，两位老人一看就是老克勒的面孔。老人说，要说有钱，他们的祖上真有一点点钱，但是所谓富不过三代，传到了他的父亲，就败落了，父亲抽鸦片，把一个家都抽穷了，以至于在解放前，他们一家就从市中心的南京西路搬到了杨树浦幺泥角落头。新娘的娘家也是资产阶级，父亲和日本人做生意的……人搬到了下只角，心还在市中心，血液里的"不夜城"依旧是他们生活的心灯。家道中落了，按理说也是应该省死省活过日子了。因为不富裕，他们也想过把喜酒办得实惠一点，但是当他们经过和平饭店，他们迈进去的脚步应该是用"义无反顾"四个字来形容，哪怕就被人家说是一对脱底棺材（沪语，指不顾自身经济能力的消费）。他们的力量就是来自那首苏格兰民歌。

老夫妇对和平饭店的记忆已经超出了对和平饭店的本身，更像是对上海的记忆，而和平饭店，是他们美好记忆的一扇大门。当老人小心翼翼从五斗橱抽屉的盒子里展开珍藏了五十年的结婚请柬和当天的发票时，看到的人都会觉得，他们在五十年前就有一种预谋，预谋要在五十年后展览他们的"奢华"。这一对老人和那一对每天去"洁而精"吃饭并且积攒下1600多张发票的老人，用得上一个词语来形容：不约而同。

和平饭店即将改造的消息触动了两位老人心中那尘封已久的遗憾：他们要去补拍一张在和平饭店的结婚照。和平饭店则要颁给这对老夫妇一张特殊的"金婚结婚见证书"。为了这一天的仪式，他们夫妇俩还花了一番工夫精心着装：童老先生的夹克衫是朋友从法国带回来的，钟老太太则特意去了一趟理发店做头发，"人家听说我当年是在和平饭店办的结婚酒水，很惊讶也很羡慕"。当穿着红色制服的门卫拉开和平饭店的铜质大门时，童老先生身穿象牙白色开襟夹克衫，头戴枣红色贝雷帽，年近八旬的他依然身体挺拔，上海老克勒的做派；而身材娇小的钟老太太虽然满头华发，却还是化了淡淡的妆，身着绛红色外套，标准的上海女子模样，挽着丈夫的臂弯走进了饭店。

像童义煜钟树瑛老夫妇一样的上海老先生老太太，很自然会受到尊敬，也很自然会得到效仿。许多上海女孩子也抓紧加入和平饭店这波怀旧潮，在大修前的和平饭店里留下她们最美好的记忆。尽管年末岁初的婚宴价格上调了15%，饭店婚宴的预订却一直持续到了3月底，最多的一天有100多桌婚宴同时开席。不少新人还特地赶到和平饭店补办由饭店总经理签发的"和平饭店结婚证书"。把新婚第一夜留在最能表现上海往昔繁华的和平饭店脱胎换骨之前的最后一夜，就是一个完美的上海梦想。或许在五十年后的一天，如今的一对新婚夫妇会回到和平饭店，给那时候的经理看五十年前的经理签发的结婚纪念证书。上海女人虽然被冠以一个"小"字，小女人，但是目光很深远的，向过往的日子回眸，一看就是五十年，向将来的日子眺望，一看也是五十年；上下五千年的炎黄春秋，她可能兴趣淡漠，但是上下一百年上海风情，她一定铭记在心。

和平饭店接近于黄浦江和苏州河的交汇口。苏州河的尽头就是黄浦江，外白渡桥正是苏州河和黄浦江的汇合处。仔细看去，苏州河水和黄浦江水永远在交融，却永远是两种颜色。上海女人身上也有两种颜色，一种颜色属于传统，一种颜色属于浪漫。

上海女人，是很传统的，又是很浪漫的。她想和自己的男人过上一辈子，而且也真和自己的男人过了一辈子，这是传统；但是她又想将这种传统的生活当作花一样地养起来，这就是浪漫。当浪漫刚刚发生的时候，浪漫被当作是虚荣，当虚荣成为回忆的时候，那就是浪漫。

/ 第九章

女人妆：一生就为这一天

/ 风情发生地
三户三工，红房子，淮海路，街道厂，露美
/ 人影
咪咪，王太太，小开，掌门人
/ 语录
三轮车，洋盘，钢琴，百雀羚
/ 课题
哪一种上海女人让人家不舒服？

淮海路爱思公寓的阳台

一直以来，上海女人喜欢的"做头发"，在外地人看来，是有点太作，太矫情。只有喜欢做头发的上海女人知道，这关乎她们的身份、她们的尊严、她们昔日的荣耀和对未来的憧憬。

王太太是一个熟客，每一次坐三轮车去做头，车钿总归是两角。推开"沪江"的门，便有伙计迎上来，一口苏北口音的上海话："王太太来啦？"女人浅浅一笑，手里的手绢下意识地掩一下嘴角——很长一段时间，女人出门手里总是一方手绢。伙计弯着腰说："王太太先坐一歇，老板正好有个客人，一歇歇就好了。"王太太坐定，在眼前的大镜子前捋了捋头发。老板送客从二楼下来，伙计到马路上为客人讨了部三轮车。老板跟王太太打招呼，也是苏北口音，而且更加浓重，王太太则是地道的吴侬软语。被叫做老板的男人，就是沪江美发厅的掌门人蔡万江，他对王太太说："刚刚的客人是伯杨哎。"他说的是电影明星白杨，苏北话的"白"听上去就是"伯"。老板继续说："伯杨每趟到对面电影局开好会总归要来的。""哦，是哦？"王太太矜持地用余光瞟了瞟门外三轮车上的"伯杨"。

虽然已经垂垂老矣，但是说起自己五十年前可以和白杨这样的电影明星同在沪江美发店做头发，老太满是皱纹的脸上依旧是风韵年华的笑容。

十几年前的1993年春节前,沪江的美誉度达到了登峰造极,烫头发的女人从三楼排队排下来一直排到茂名路,足足有300米长。王太太的孙女烫好头发回到家里已经是晚上11点钟。王太太苦笑着摇摇头:"格还叫烫头发啊?像跑单帮了。"孙女问了个奇怪的问题:"今天有人说我们烫头发的店不是沪江,招牌上写的不是沪江,是三户三工。"王太太笑了:"真是洋盘啊,人家沪江一直这样写的,'沪'和'江'两个字的三点水写得老开的。格辰光,啥人叫三户三工要被人家当乡下人看不起的。"王太太又开始回味当年叫蔡老板做头发的辰光。

有一段时间上海女人生活上有一个悖论:上海女人大多不愿意嫁给苏北籍的男人,而苏北籍的男人也极力掩饰自己的苏北口音。但是女人们,尤其是有身价的女人们,去了上好的理发店,点名要找的理发师傅一定就是苏北籍的。因为苏北籍剃头师傅都是家传手艺,头发吹得牢,不走样。苏北籍的师傅在理发店里说家乡话一点都不必掩饰,苏北话在这里反而成了主流语言和标志性的招牌。电影明星来,一个是国语,一个是苏北话,还真蛮好听的。还有些有身价的女人,平时对苏北人颇有微词,但是和苏北理发师言来语去一点隔阂也没有。

沪江在淮海路算是高档,解放后它有一个里程碑的发式创造,那就是长波浪。没有去作考证,很有可能,长波浪是为了某一部电影中的女特务而设计的,因为沪江就在上海电影局对面,电影演员是常客。对于女人来讲,长波浪比牛顿定律更重要。于是沪江的时尚地位不可动摇,经常有人拿着外国电影画报叫师傅照着女主角的发型做头发；穷而追求时髦的女人，在沪江橱窗外面张望半天，回到家里拿起烫发火钳，在一把青丝上自我形象设计，常常免不了啊哟一声，因为火钳烫到了头皮。

正因为上海女人浓郁的做头情结，所以，2005年，有一部上海风味的电影就叫《做头》。电影中的女人爱妮（关之琳饰）不很年轻了；她年轻时一头秀发轻舞飞扬，落魄中年后，借"做头发"来享受生活的精致，沉湎于昔日的荣耀，与年轻理发师形成有情无性、颇为暧昧的依赖关系；爱妮希望这样的状态再不要改变，她的自尊、她平衡的心态，维系在这可怜的企求上。

虚构的电影和真实的生活不经意间交汇在一起，虚构的爱妮最终没有能够保护自己的自尊，而沪江在2001年歇业。再也没有把"沪江"说成"三户三工"的洋盘了。

上海知识女性不喜欢免费赠送的避孕工具

上海市人口和计划生育委员会公布的最新避孕节育抽样调查结果显示，表示全部自费购买"安全套"的女性，有近四分之三拥有研究生文化程度，拥有小学文化程度的仅为百分之七。自费购买者中，有百分之二十八点八的人认为，使用避孕用品，纯属个人隐私，领取免费品则会暴露隐私。此外，她们还认为零售品比免费品质量好且可供选择的品种、花样更多。

（中新社2004年9月26日）

淮海路之于上海女人，或者说之于一部分特别欢喜淮海路的上海女人，既是精神的，也是物质的。如果有位女人说，我就住在淮海路呀,那口气基本上像说她的祖上或者她的亲戚中有谁谁谁一样。走到离上海远一点的外地,说到是上海人,不管对方对上海人的情感如何,已经是一个感叹号了,如果再说到出了门就是淮海路,那么就好像几十年前一个北京人说他的家就住在中南海边上一样。精神上莫须有的虚荣是不言而喻的。上海公寓最多,而淮海路又是上海公寓最多的马路,公寓里住了许多人家,也就会有许多女孩子。结婚前,公寓是她们憧憬人生的地方。最有意思的或许是淮海路瑞金路口的爱思公寓,现在叫做瑞金大楼,即使不是住在这幢公寓的女孩子,在荡马路经过的时候,这幢七层高的法国文艺复兴时期风格的公寓也会使她想入非非起来。它的二楼三楼四楼有阳台,阳台极窄,也很短,大概只能站一个人;那是一个大小姐独思的地方,也可以说是大小姐的精神闺房了;几米之下就是淮海路,有一辆奥斯汀汽车,在阳台下停了下来,有个男人从车窗探出头来,大小姐向他摇摇手,或者将一本书、一块手绢丢了下来,或者对父母亲撒个谎就下了楼,离同样也是法国风格的复兴公园就是走走十分钟的路。类似的故事,从公寓落成后一直会有新的升级版本,比如奥斯汀车变成了黄包车,变成了自行车,甚至就是约好了的,走过来向阳台上招招手……淮海路一幢幢公寓都是沿街的,一幢幢看去,像爱思公寓的阳台还不止爱思公寓独有,一个个阳台,一扇扇窗,其中会有许多男男女女的故事。

在物质上,一条淮海路,是上海女人的半个城堡。上海最高档的住宅在淮海路的东湖路以西,上海最高档的商店在淮海路的东湖路以东。武康路、湖南路、汾阳路、五原路的小洋房是闹中取静，不管是自备车还是黄包车三轮车乃至后来有轨电车公交车，小洋房的女人到淮海路商业区都只不过是十分钟一刻钟的辰光。

其实淮海路全国知名度在南京路之后，好几家店都是自甘老二：第二百货商店，第二食品商店；而且所有商店，都是所有的路上都开得起来的。淮海路就是上海女人的马路，称它是上海女人街一点也不为过，它浸淫了上海女人的情调。一条马路的情调不是靠一两家商店可以支撑得起来的，但是一条有情调的马路必然是有一两家商家作为风向标的，就像一个美人，必然有其最动人之处。这么多年来，提到淮海路，就要提它的小资情调，和它的情调的独特。细细想来，淮海路真正独一无二的小资情调，都和女性有关。古今胸罩是一家，还有一家当然是妇女用品商店了，淮海路的情，就是被她们调出来的。当年有好几个大城市都开过妇女用品商店，理由是妇女就是半边天，当然要有自己的店，后来，全开不下去了，只有上海淮海路才有妇女用品商店。上海女人所有的小资情调，所有的资产阶级生活方式，都可以在淮海路上找到源头。长波浪诞生在"沪江"，第一双尖头皮鞋诞生在"奇美"，"文革"后第一张婚纱照诞生在"蝶来"，第一家真正意义上的美容店"露美"也诞生在淮海路。有人以子宫来形容，但是很难说清楚，到底是淮海路像子宫孕育了上海女人，还是上海女人像子宫孕育了淮海路？

在淮海路荡马路的女人，很多不是住在淮海路的，有上只角的，有下只角的，也有乡下来的，外地来的；这本身不重要，重要的是一走到淮海路，就要有符合淮海路法国风格的神情举止衣着打扮。橘生淮南则为橘，就是要成橘啊。因为淮海路代表了上海，所以上海女人的优雅、矜持、大方，是在外地人面前、也包括在下只角女人面前做了表演——上海女人不喜欢一本正经地登台表扬，但是在生活的细节上，就是喜欢不露声色地做给你看，你看不懂，那么你就是阿木林，你看懂了，那你就脸红了，因为你没有做好。

这些年，上海女人越来越成为热点，有人高度评价，也有人不以为然，倒不是看不惯上海女人的嗲和作，而是看不惯上海女人以上海女人自居的傲和骄，以及由此派生出来对外人的看不起。其实对上海女人的微词，主要的就是对这样的女人的微词；这样的上海女人，似乎与生俱来是让外地人有点点羡慕，有点点怕，有点点讨厌，也有点点少不了。这样的女人，可能是年轻时候的王太太，可能是还不老的爱妮，可能是看上去没什么两样、一讲话完全不一样的上海女人。

曾经有两个外地女人在服装店里挑衣服，好像总不太合适，看见旁边也有两个女人在试穿的衣服特别好，一听口音就是上海女人，到底是上海女人有眼光啊，外地女顾客心里这么想，也就想买一模一样的。两个上海女顾客听到了，轻轻咕了一句："怪哦？阿拉买啥伊拉也要买啥！"外地女顾客也感觉到了，不过上海女顾客骄傲的脸色瞬间又转化为主动的帮助："格只颜色侬穿又不好看的啰，哎，还是格只颜色。"上海女顾客从衣架里拎出一件："格件样子最好了。"外地女顾客穿在身上，一照镜子真的很好，就谢上海女顾客；但是外地女顾客对上海女顾客的说不清楚的感觉，就出在她们道谢之后。上海女顾客说："用不着谢的，下趟买衣裳，要好好地挑的。"这么讲的时候，上海女顾客眼睛也不看人家，头还微微晃了晃。

这样的上海女人在荡马路的时候,常常就会啧啧有声。有两个女人一路走一路讲一路做手势,声音响得不得了,动作大得不得了;"啧啧,格种乡下人,伊当还是伊拉乡下头。"有个女人从后面走上来,走得急,与她们碰撞了一下,也不说声对不起就径直走了;"啧啧,乡下人,真是投煞举(莽撞鬼)。"在咖啡馆里,邻桌有一个女人用咖啡匙当调羹,一口一调羹地呷咖啡;"啧啧,洋盘哦?伊是拿咖啡当咳嗽药水啊。"在淮海路上,有人问路,复兴公园哪能走?她们一定是指路的:"复兴公园么,妇女商店晓得哦?就是妇女商店旁边的雁荡路走到底就是了。"人家前面一走,她们后面就嘲笑了:"啧啧,复兴公园也不晓得!"

她们也有被人家弄得不开心的时候。去商店,有推销员免费赠送零食,她们肯定是不屑一顾的,偶尔会碰到过于热情的推销员,一定要她们尝一尝,她们会不开心的,哪怕饿了肚子也不会尝一口的,这是她们的身价。等推销员离开后,她们会轻轻咕哝:"乡下人。"

她们不仅仅是看不起外地人,也看不起上海人的。用上海曾经的切口说,她们是懂经的,只要碰到不懂经的洋盘、屈西,她们总是在不屑中帮助人家,或者是在帮助中不屑。她们的帮助是帮在了点子上的,所以外地人需要她们的帮助,换了真正的大家闺秀或者下只角的女人,还不帮助或者帮助不了。

她们的帮助是有代价的,代价就是要接受她们揶揄的神情和揶揄的言语。你又不得不承认,她们是见过世面的,是眼光不一样。用现在的话来说,审美情趣高人一等。她们帮别人出的主意,比别人自己的主意好。她们的审美情趣，是从她们的母亲或者祖母那一代人那里承袭而来，也就是从王太太这样的时髦外婆那里承袭而来。我们通常已经接受了这样的理念：培养一个贵族需要三代，实际上培养一个城市的淑女也需要三代。这也就是为什么她们好为人师的原因。这有点像上海的租界和上海人的关系，租界给上海人带来了耻辱，但是也给上海人强迫性地灌输了西方的文化和西方的文明，当租界的耻辱成了历史之后，文化和文明成了这个城市的一部分。

这样的上海女人固然不会承认，其实她们的骨子里，开导乡下人、外地人是有乐趣的。她们需要这样的乐趣，就像她们需要做头时的暧昧一样。

半地下的时尚年代

当然不是所有做头的女人都会和理发师暧昧,王太太不会的。不要看王太太和沪江的老板伙计很是熟稔,和他们拉拉家常,一个上海女人,骨子里是看不起剃头这个行当的;出了剃头店,苏北人,王太太是一句闲话也不会和他们说的。对于王太太这样的女人来说,一口略带一点点苏州口音的上海话,是最高贵的上海闲话,就像法国人认为法语是最动听的语言一样。

王太太的上海话带一点苏州腔,也就是分尖音团音,新鲜的"鲜",讲成英语 ABC 的"C",是尖音。在各个地方方言中,除了苏州话有尖团音,上海人也是善于舌尖发音的,这大约和上海人较早学英语有关,因为英语中有很多舌尖音。对于王太太,当上海话尖音团音这么说的时候,是一种身份的象征,它代表了祖籍、代表在上海已经居住了多少年,代表了住在什么地方,代表了家里经济和文化程度。当一个个尖音团音很自然地流露出来时,不得不承认,是有点嗲的。名模林志玲是属于很嗲的女人,她的嗲有很多是说话时舌头靠前。有这样口音的女人,别人决计不会把她当作没有钱的人,不会把她当作苏北人、本地人。

有一个女人,姑娘时代小名叫咪咪。咪咪承袭了王太太的做派,也是过过好日子的。"文革"前的淮海路是她过好日子的天堂，有饭店，有咖啡馆，有点心店，有电影院，有照相馆，有服装店，有皮鞋店，有理发店，有公园。而且都是有名气的。那时候，她还是情窦初开，待字闺中，刚刚开始为一个女人的一生做准备。第一次烫了头发，第一次穿了尖头皮鞋，第一次跟一个男人一起去看了电影，然后去了饭店……

那个男人是一个小开，资本家的儿子，如今就算是老克勒了。小开高中毕业后没有工作，也没想工作，就是靠出租12只钢琴过日子，三十四五岁的年纪。咪咪跟他轧朋友的时候，20岁。因为年龄相差十几岁，咪咪背后是被人家骂的，所以他们就要隐蔽行动。由于中国社会的变化实在是天翻地覆，几十年前的事情不加说明就变成了天方夜谭："文革"前靠出租钢琴吃饭的小开被称作无业人员，而婚姻双方差十几岁是不能想象的事情。在约好的时间，咪咪就在阳台上，看着小开在下面的淮海路慢腾腾走过来，就下楼约会去了。他们常去红房子西餐馆，那时候的红房子还在陕西路；咪咪喜欢西餐的感觉，吃好西餐，就去上海艺术剧场看话剧，或者到国泰看一场电影。其实当时的话剧和电影都已经是极其革命的了，比如《年青的一代》是完全反资产阶级生活的，但是看话剧和看电影的本身又是十足的小资产阶级生活方式的。

这一切几乎就是30年代上海女人的翻版。咪咪她们是五六十年代上海女人小资生活的新生代。但是在"文革"前夕，人文环境风声鹤唳，"小资"已经含有贬义，小资的方式，渐渐地转入半公开，其实就是半不公开，虽然存在着，却已经羞答答，唯恐被定性为"小资"。比如淮海路的奇美皮鞋店，其杰作就是解放后大陆第一双尖头皮鞋，但是当年奇美并不对它冠名尖头皮鞋，而是说它具有"狭，扁，翘"的风格。咪咪买回来尖头皮鞋后，不敢随心赶时髦了，只是去参加几个知心好友聚会，或者去跟男朋友约会，尤其是去跳舞时，才会穿上它，出门前还要张望一番邻居是否会看见。"文革"前有不少上海女人很喜欢跳舞，公开的舞厅已经没有了，但是在礼拜六的某些资产阶级家里，是会有物以类聚的"地下舞会"的。所谓"地下"，也就是不能让邻居、里委会知道。有一些跳舞的女人也包括男人，为了不让人家发现，去跳舞时是把高跟鞋和尖头皮鞋藏在包里带去的，到了人家的家里，解放跑鞋一脱，换上皮鞋，那才是跳舞的感觉。解放前上海是地下党的重镇，解放后又暗流着资产阶级生活方式。现在很多人都在赞美淮海路的情调，很多人都在羡慕上海女人生活中有一条淮海路可以闲逛，以为这是淮海路和上海女人之间情人般的天作之合，但是很少有人想，上海女人为了打扮也是使出了浑身解数，用外柔内刚的心思，不动声色而又顽强地坚持着时髦，不愿轻易地降低时髦的标准。于是也可以说，淮海路和上海女人是经历了风雨才见到了彩虹。美是一种追求，美也是一种捍卫，真不是轻飘飘的空口白话。上海女人在一个艰难困苦的时期，艰难地捍卫了时尚。

上海抄家物资显示上海女人奢华

有一个数据足以说明当时上海女人在打扮上的奢华："文革"初期上海共有15万户人家被抄家，其中有金银首饰45万公斤，珠宝玉器15万公斤，至于奇装异服就不计其数了。

（《报刊文摘》1986年10月14日）

即使这样的半地下小资生活，也戛然而止了。1966年初夏的某一天，她们的好日子急风暴雨刮走了。早上她们还是精心打扮了出去，却碰到了破旧立新运动：她们的裤脚被剪了一刀，因为属于小裤脚管；她们的皮鞋也被剪了一刀，因为属于尖头皮鞋；她们的头发被弄得像麻雀窝一样的乱蓬蓬，因为属于歪风邪气。她们曾试图躲避，但是每一条马路都在进行同样的清算，包头包脚包屁股尖头皮鞋这"三包一尖"全线崩溃。随着她们一身破衣烂履回到家里，淮海路改名为"反修大道"。

在那个年代，更显出上海女人本性，就是把自己当作女人来对待。在"文革"狠狠地亢奋之后，上海女人开始了翻花头，在裙子上、衬衫上、发型上、绒线衫上做足时髦的努力。所以"警惕资产阶级的奇装异服回潮"，是当时上海舆论宣传部门的重要大事。1976年7月，针对外滩一带有青年男女谈恋爱，上海团市委发出通知：在北京东路外滩到南京东路外滩200米，有600对青年在谈恋爱，个别人的穿着属于奇装异服，特别是女同志。她们穿的衣服，一是长，衬衫盖过臀部，袖口超过肘部；二是尖，尖角领；三是露，女同志的裙子在膝盖上面两三寸，用一些透明的布料做衣服，里面穿深颜色的内衣；四是艳，用深咖啡或深藏青做上下一身的衣服……这一段外滩，就是后来闻名世界的"情人墙"。我们已经无法细细解读为什么衣摆过臀算是奇装异服，为什么一身上下深咖啡或者深藏青算是奇装异服，肯定是会有源头的，可能是某一部阿尔巴尼亚电影里的穿着打扮。上海女人连从阿尔巴尼亚的电影细节中都可以找到时髦的因素，实在是"满园春色关不住，一枝红杏出墙来"了。情人墙不仅是情人的约会地，也是上海女人"什么衣服都敢穿"的天然T桥。

咪咪她们代表了一个女人群体。她们不是这么大胆的女人，曾经受过的良好教育，使得她们不动声色地改变着自己，同时有声有色地影响了别人。每天上班，她们的包里总是放着一个小小的扁扁的深蓝色铁皮圆盒"百雀羚"，诞生于30年代的国产护肤品，有一股浓厚的甜香，但是常常铁皮圆盒里面已经不是百雀羚，而是友谊雪花膏，因为它便宜，效果与百雀羚差不多，还因为原来装友谊雪花膏的是一个比墨水瓶还大一点的白瓷瓶，不好带，她们会将友谊雪花膏装进用空了的百雀羚盒。出门前是一定要用的，在厂里上个厕所也是一定要用的，这已经是她们仅剩下的奢侈。防龟裂的蛤蜊油，她们是肯定不用的。包里还有一面小方镜或小圆镜，四周滚了圈塑料边，一毛钱买来的。就在厕所的几分钟，她们还要精心涂抹一番。走出厕所，别人忍不住要说，香女人来了，香女人来了——"闻香识女人"的典故出处应该是在她们身上。她们差不多就是上海西化了的第三代淑女。

她们家庭出身不属于无产阶级，没有资格去光荣的地方，只有沦落到街道工厂或者里弄生产组。这些单位福利差，没有工作服，更是成全了小资的点点滴滴。

于是她们成了街道工厂里的时髦风向标，政治上她们向人家学习，穿着上她们被人家学习。她们并不想被人家学习，她们不想和人家一样，但是没有办法，她们刚刚从阿尔巴尼亚和罗马尼亚电影里学来的一个发型、一个式样，立刻蔚然成风。在那个年代，上海女人的悟性转换成了一种想象力和创造力，简简单单的一块手绢，在马尾辫上一扎，就有了灵气；白衬衫的小方领，翻到了深蓝两用衫外面，既像是镶边的，又软化了刚硬的环境。

有一份资料记载了七八十年代最受上海女人喜爱的老牌化妆品，除了百雀羚和友谊继续热门，还多了一些新面孔：海鸥洗发膏、洗头膏，在70年代轰动效应非常大，白色的大塑料盒子里面，满满的是淡蓝色的膏体，有淡淡的清香；永芳F珍珠膏，凭借它的美白效果，在70年代使许多人印象深刻；凤凰牌甘油，除了可以用来抹手抹脚外，对嘴唇干裂的防治效果也非常好；蜂花洗发水、护发素，在80年代的公共女浴室里，到处可见。

等到淮海路的时尚走出冬眠，已经是1977年了。她们情窦初开的岁月早已经流逝；她们工作了，在街道工厂工作；她们出嫁了，嫁给了劳动人民。"文革"结束了，淮海路复苏了。虽然咪咪的小资生活一直不中断地在匍匐前进，但是当她回到娘家公寓的阳台上，一个人看着下面的淮海路发呆时，一滴莫名的眼泪滴在了阳台扶手上。

咪咪的还有一滴眼泪滴在了茂名路"梦咖"厚软的桌布上，旋即就化开，被桌布吸收；与"文革"前的小开相视而坐，小开已经是老开的样子。鸳梦重温是不可能了，只是他去香港继承财产前与她再叙叙旧。茂名路原来是他们常来的，人极少，尤其是梦咖啡这一排店，原先是锦江饭店的廊檐。它比外滩的情人墙典雅得多。假如说外滩的情人墙是凑热闹的，那么茂名路的廊檐是讲味道的。方形的柱子一根接着一根，柱子的背面一定是一对接着一对情人了。廊檐不独茂名路专有，金陵路便有，广州好像还不少，但是那些廊檐下是人行道，局促而川流不息，唯有茂名路，廊檐外还有专门的人行道，马路对面，没有一家商铺，人也就稀疏，再加上梧桐树形成第三道屏障，避光、避人，还避雨，这便是茂名路廊檐的味道了。廊檐下的爱情谈起来，显得从容和雅致。根本不用什么刻意的宣传，茂名路廊檐已经是年轻男女的必经之地。咪咪和小开那时候从红房子西菜馆出来，看完话剧看完电影，走几步就是茂名路廊檐。

"文革"之后，廊檐变成了廊房商铺，大约是上海最早的时尚店家了，一时间最让年轻男女怦然心动的当数"梦咖"，全透明的玻璃橱窗，成为围观的热点。里面的人在喝咖啡，外面的人在看橱窗里的人喝咖啡，即便是路过的恋爱男女，也会情不自禁地看一眼，因为它不是普通男女消费得起的地方。对"梦咖"两字，里面和外面的人有不同的解释，喝咖啡的人，是因咖啡而梦；看人家喝咖啡的人，是因梦而咖啡。咪咪坐在"梦咖"里，做的是自己的旧梦；坐在对面的男人已经微微谢顶，甚至背有点点驼，如果不是坐在这样的咖啡馆里，根本看不出曾经的小开派头。买单时可以发现，小开的血液里根深蒂固的就是小开的派头：他从藏青的卡中山装的表袋里拿出皮夹，翻开来，两个手指夹出兑换券；这是一双雪白粉嫩的手，动作中有一点点的兰花指；还有2元钱的零头，手一挥，就给服务员做小费了。80年代初期的2元，相当于咪咪在街道工厂两天的工资。这就是小开的派头。

走出"梦咖"，咪咪和小开握了握手，算是告别，就不再荡马路了。

70年代末和80年代初，是30岁的上海小资女人最痛苦的时期，痛苦的程度超过了"文革"时期。她们不像王太太一代已过韶华之年，她们不像更小的一代，一切刚刚开始。"文革"时期，小资已经被灭绝，小资女人的心也跟着死了；"文革"之后小资渐渐复苏，女人的小资情结也渐渐复苏。但是她们发现，自己不再是小资女人了，自己已经没有年龄上的自信；"西北望长安，可怜无数山"，自己还在街道工厂每天戴了纱手套做粗生活。在街道工厂，女同事会觉得她们长得又漂亮，穿得又适宜，但是这个地方不是她们骄傲的地方，她们到了能骄傲的地方，又发现没有了骄傲的资本。所以她们就会痛苦。上海女人一直以"作"闻名，这些小资女人无疑也是作的，但是她们的作和一般女人作得不一样。一般女人的作是作别人，让别人难受，小资女人的作是作自己，让自己难受；作别人的时候，别人可以被作也可以不被作，作自己的时候，不管自己是愿意被作还是不愿意被作，都是逃不了的烦恼。

时尚大姐大

她们当时还没有看过张爱玲的书,也无法与张爱玲相提并论。其实张爱玲在几十年前就已经将这些上海小资女人的命运,早早地纳入了她所设计的轨道,以至这些上海小资女人的生活状态,就像是张爱玲某部小说的一个女人,甚至就和张爱玲的情爱生活有几分相像。张爱玲说过:"回忆永远是惆怅的。愉快的使人觉得:可惜已经完了。不愉快的想起来还是伤心。"张爱玲还说过:"生命是一袭华美的袍,爬满了蚤子。"她们的生活也恰如此。

城市与女人之间的关系极其微妙。女人是城市的最大的受益者,女人也是城市文明最显著的标尺;她们有了文化,有了可以实现欲念的物质,但是这一根标尺常常在不由自主地晃动,女人又变成最容易受到城市化的伤害。比如婚姻是自由了,但是婚姻常常没有了;没有了婚姻的男人还会有另一场婚姻,没有了婚姻的女人,常常就是没有婚姻。城市使女人独立,城市也使女人独身。尤其是上海这样的城市和这样的女人。

比如张爱玲自己。23岁时,张爱玲遇到了胡兰成。胡兰成年纪比她大许多,有经历,有情趣,才华横溢,相貌不俗,又因特殊的身份和地位而勇于追求。于是,她从未涉足过爱情的年轻的心被激荡了。此后,他们恋爱,别离,小聚,彼此牵挂,也是因为身在乱世，力求安稳，两人为着一个不甚明了的未来，结婚成了夫妻。这样的时光却是张爱玲生命中极其短暂的一幕，很快地，他们就分手，从此天各一方，情断义绝。张爱玲对他说："倘使不得不离开你，我将只是萎谢了。"从此，她真的萎谢了，似乎元气大伤，再也没有绽放过。

这一切对于张爱玲来说，可以写在小说里，对于咪咪她们来说，只有苦在心里。上海女人，当然就是像咪咪这样的上海女人，是矜持的、不张扬的，甚至心里设防还是保守的。咪咪她们是不会打一个电话到电视台和电台去做感情倾诉的，唯一的选择，是加倍地打扮自己，修饰自己。有点点文化的女人，这时候已经读了张爱玲，还读了别的更多的书。读书与单身的女人有不解之缘。有人认为女人因为单身就喜欢读书，也有人认为女人因为喜欢读书而单身，不管是倾向于哪一种说法，反正女人是沉浸在书里面而读书的。当然，张爱玲是她们的圣母，是她们的生活行为准则。也真要佩服张爱玲，或者就应该直接佩服滋润了张爱玲的上海这座城市。几十年前张爱玲的装束，仍旧具有时尚的号召力。

上海鲜花销量全国首位，一年用掉4亿枝

最近，市花协人士称：鲜花消费量上海居全国之首，上海人一年用鲜花约4亿枝，并有逐年增长的势头。

上海市民个人鲜花用途，已从过去送朋友、办喜事丧事等发展到现在居家点缀，不少人还每周一次或两次购花，使家庭充满温馨。花市的一位管理者说，现在要学插花的人不少，我们采用

即时报名，即时安排去花店培训的方式，每人收费约400元。

(《新闻晚报》2001年6月5日)

她们呼吸到了窒息长久之后的第一缕时尚新鲜空气，她们是改革开放后时尚生活的第一批的体验者和领跑人。王太太虽然还是时髦，已经是花甲老人了，自然地让出了时尚的统治地位，咪咪她们则是像潮水一样涌入了还很窄小、还很粗糙的时尚地带。如果说社会曾经以窒息的方式窒息了时尚，那么当时尚复活时，咪咪她们几乎就是以民工春运的方式涌向了时尚地带，让时尚地带感受到了幸福的窒息。

1984年，全国第一家真正意义上的美容店，露美美容厅开在了淮海路上。她就是经历了被窒息的幸福。底楼沿街大玻璃窗里，女人们躺在美容椅上。能够进露美的女人一定具有两大必要条件，第一是漂亮，第二是有钱。美女、金钱、化妆，而且又是全国第一家，这些像好莱坞爱情片的要素使露美的大玻璃窗外，始终被围观者包围，到了晚上到了星期天，围观者更是众多。将近四分之一世纪之后，很难理解这么一家名字很土、没有任何国际品牌、没有任何名师打理的美容店会成为风景，但这就是当年的事实。

可以见证这个事实的，就是咪咪她们。她们就躺在里面的美容椅上，享受着解放后史无前例的美容按摩。她们的豆蔻年华已经不再，但是赶上了美容年华，赶上了"她世纪"的一轮新月。她们是第二次经历被围观，第一次是"文革"之初被剪掉了裤脚管的无地自容，第二次就是坐在美容厅里的浅浅的得意。在街道工厂的小资同道，自然形成了时尚生活的同盟。家里落实了政策，有钱去时髦了，有资格去时髦了，有地方去时髦了。比如华侨商店，有香港进口的日用品，但是需要侨汇券，也叫做华侨票；有华侨票的人，说明你香港有亲戚，有外汇带进来，说明你有钱；再后来，与华侨票相似的是兑换券。它是一种多重的虚荣的组合，于是也就是这一代上海女人的时尚去处。

一年之后，还是她们，常常去了另一个地方，与在露美被人家在店外围观不同的是，她们成了店外的云集者，不是围观，而是在排队。这样的女人热衷排队的事情，肯定不是去菜场买菜。在华山路静安宾馆门口，静安面包房开张了，这是上海第一家中外合资经营的法式面包房，也就是说，是上海人在解放后第一次吃到真正的洋面包，在此之前的三十六年里，上海的面包在全国是最好的，但是充其量也就是蜡光纸包起来的枕头面包而已。洋面包的时代就此拉开帷幕。排队买面包，不仅因为不排队买不到，还有一个原因在于，静安宾馆的面包是现烘现卖，热的。在这一炉与下一炉之间就需要等候。时隔二十二年后的2007年，每天下午1点半光景，静安面包房依旧有二三十人排队，等待着下午2点钟出炉的热面包；当然排队的都是六七十岁的老人了，减去二十二年，他们还不算老。

队伍是老长老长的，至少要排半个小时。半个小时后，便是一种时髦的装扮了。手里拿着两根长棍和一袋短棍（当时的面包就这两种），走在马路上，乘公共汽车，然后笃悠悠走进弄堂回家，被人家看到问几句，有一种沾沾自喜。静安的长棍短棍成了一种时髦的饰品，还可以送个人情。有段时间，静安面包房是女人们的生活必修，有人喜欢长棍，有人喜欢短棍。女人说："到底是法国面包啊，皮就可以烘得脆的，面包就是这么松这么软。"

上海像男人一样，一直在给上海女人创造最美好的生活条件，而上海女人则是一直为上海刷新纪录，还给上海这个男人最有价值的体面。这些纪录是上海女人的时尚白皮书。或许这些纪录的本身与某一个上海女人没有关系，她不仅不是这些纪录的创造者，也不是这些纪录的目击者，更不是这些纪录的享受者，但她还是有一种地域的自豪，这与俄罗斯女人会为《天鹅湖》得意是同样的道理。

中国的第一支唇膏诞生在上海。

2007年3月，在全球拥有482家专卖店的加拿大顶尖内衣品牌娜圣莎首次登陆上海。从七十年前的古今到2007年的娜圣莎，上海女人一直占据着内衣时尚的杆位。

上海的珠宝首饰产销量占全国的15%以上，钻石年消费额约占全国的三分之一。上海女性中有94.5%拥有珠宝首饰。

2006年上海国际顶级私人物品展上，一些首次跻身"奢侈品名录"的生活用品吸引了不少买家，床垫展示区的床垫价格从6万元至68万元不等，其中10万元至20万元的最受欢迎。

2005年，上海新人的婚庆消费位于全国之首，平均每对新人的消费数额为18.7万元，比排第二位的广州高出5000余元。

这仅仅是非常有限的一些随意摘录，在本书其他章节也有类似的纪录，但是很不完全。

最昂贵的钻石，最昂贵的服装，与99%以上的上海女人无关，但是上海女人还是会津津乐道，如果是一个展览，还会争着去一饱眼福。对于上海女人来说，做一个有眼福的女人，也是一大享受，因为眼福就是自己的梦想。

对那些不仅仅是眼福，而就是活生生的生活与享受，上海女人有着极灵敏的反应。"春江水暖鸭先知"的意思是，春江里除了鸭，还有别的，但是鸭最先感觉到了春天的到来。上海女人就是"文革"后时尚气息创造和接受的敏感的鸭。

她们轮流在家里做东吃饭跳舞，当时舞厅还没有恢复，她们家里条件好，地方大，还是打蜡地板；与"文革"前的偷偷摸摸不一样，她们堂而皇之地去了，弄堂里走进走出，不用问，只要看看她们的穿戴，就知道她们要干什么了。没过几年，一些文化单位有了跳舞活动，到了1986年，上海静园书场试办营业性舞厅，这要比率先恢复营业性舞厅的武汉晚了两年，比起上海开天辟地拥有国内第一家舞厅"永安公司大东舞厅"迟到了五十九年。后来她们去舞厅渐渐少了，很多交谊舞舞厅已经退出市场，出现了新潮的迪斯科舞厅和卡拉OK歌舞厅，比如锦沧文华的"阅婷迪斯科"，延安饭店的"JJ迪斯科"，国际俱乐部的"黄楼卡拉OK"，虹桥宾馆的"卡萨布兰卡"，"台湾城"……这些地方她们是不去的，因为"吵也吵死了"。

她们依然过着慢生活、静生活。有同性朋友，也有异性朋友。也会去西餐的红房子、德大，中餐的绿杨邨、洁而精、成都饭店。她们和服务员都面熟，不用看菜谱，熟稔地点菜，到了成都饭店点一个鱼香肉丝或者干煸牛肉丝，每一次吃的时候，总可以感叹一下，今朝牛肉丝没煸好，真还是"文革"前的师傅功夫好。到了红房子就要一份烙蛤蜊。如果你是第一次去红房子，而且从来没有吃过西餐，看到烙蛤蜊，就会把"烙"读成"烙饼"

的"烙",字是读得一点没错,但是洋盘了,服务员就会偷笑,心里想:屈西来了。烙蛤蜊一定要说成是"郭"(读第二声)蛤蜊;千万不要有错觉,以为烙蛤蜊和烙饼是一样的做法。偶尔会有洋盘兮兮的小同事问:"红房子的'火烧冰淇淋'真的就是冰淇淋会烧起来的?"那时候她们会淡淡一笑:"不是格,是冰淇淋上面浇一点白兰地……"说得人家一愣一愣的。

许多时候,上海女人是会抱成团的,只不过是抱成一小团一小团。在面对外地人的时候,上海女人是一个团;在面对下只角的时候,上只角女人抱成了团,当然倒过来也一样;在面对另外一个班级的时候,这个班级的女生抱成了团;在面对另外一个车间的时候,这个车间的女工抱成了团;在面对另外一个小组的时候,肯定也是这样。而在任何一个小团体里面,女人们永远也都在别苗头,即使是去红房子吃西菜的女人,或者一起跳舞的女人,也一样。当我以十几万字的篇幅来描述上海女人的时候,并不是觉得上海女人比非上海女人好,比非上海女人聪明,比非上海女人高尚;而是要说,上海女人自有上海女人的特质,自有上海女人"团结紧张严肃活泼"的方式。在国内范围内,上海女人所受到的城市文化熏陶和西方文明殖民化的输入,和其他地域完全不同,以至显示出了上海女人有别于其他地域的更多的个性。这是特性,而不是是非。当然当某一种个性成为楷模受到追捧的时候,个性就成了是非的衡器。

曾经有部《街上流行红裙子》的电影,虽然拍的是80年代初上海纺织女工的故事,但是里面的一个重要情节,在纺织女工中会有,在跳舞吃西菜的女人当中更甚。一个社会化的通病,低层次女人和上流社会女人都无法避免，只是手法不同。这个重要情节叫做"斩裙"。当时上海年轻女人有比赛谁的裙子漂亮的习惯。上海女人的虚荣心和攀比心，由于上中下三只角的长期并存，由于西化的渗透，是最折磨人的，所以"死要面子活受罪"一直是许多上海女人与命运抗争的最外强中干的利器。大约也只有在上海，女人才会将"斩裙"作为自己生活的一部分。要是在工厂里，女工就明晃晃地比起来，比出一条最漂亮的裙子，用自己最漂亮的裙子去斩掉别人的裙子，是女人虚荣的圣战。女人"斩裙"，而男人"斩琴"。那就是夏日里在弄堂口弹吉他，不过瘾了，就和隔壁弄堂的吉他比个高低，然后胜者与再隔壁的弄堂的吉他比，这就是"斩琴"；男人斩琴一半是为了斩隔壁弄堂的琴，另一半是为了身边的女人去斩人家的琴。

　　跳舞吃西菜的女人当然不会互相斩裙或者看着男人斩琴，但是互相别苗头、出风头和斩裙是一式一样的。当年史良送了两大包毛巾给人家，叫人家两个礼拜就要换新毛巾，分明也是斩了人家的"裙"。到了80年代初期，落实政策了，钞票发还了，金银首饰、美钞折算成人民币发还了；有钞票女人要斩的"裙"，是啥人家发还的钞票最多。当然大家都是有身份有教养的，不会当面问，也不会背后打听，那是很失身价的事情。女人们斩的是电冰箱。当时电冰箱刚刚进口，但都是一种声音：电冰箱买得起电用不起。聊天的时候，某个女人说："啊哟，阿拉屋里厢一只三洋电冰箱电伤是伤得来。"另一个女人接着她的话说："是格呀，我是也叫阿拉爱人（那时候还不时兴叫先生）勿要买格，又没啥事要冰格，伊就是不听，还去买了只日立牌，老车（很贵）格，电也是老伤格，真是不舍得开。"两个女人都在埋怨冰箱，都在哭穷，但是暗里你一刀我一刀地斩来斩去；然后又掉转枪头，联手斩一个"第三人"："侬回去跟倷爱人讲，叫伊勿要去买冰箱，没意思格。"把那个还没有买冰箱的女人劝得点头不是摇头也不是。

这样的日子过了二十年，时新的事情做不来了，她们索性就守旧了，一守也就守出了个复旧的时代，轻而易举地取得了时尚大姐大的地位。她们身边的男人，呵呵，那就是名副其实的老克勒了。为年迈的王太太解释新潮，为年轻的时尚男女指点迷津。她们身体保养得交关崭（沪语：非常好的意思），吃吃人参，吃吃十全大补膏，吃吃青春宝，吃吃珍珠粉。在1955年的时候，全上海人参的进货8000多公斤，"侬吃饱人参啦"，是对人家精力过剩、力气超大的讽刺语。到了1990年，上海的人参进货超过了10吨，而且都已经吃西洋参了。这其中，是有这些女人的带头作用的。

直至有一天，她们觉得自己有点问题，有点变化，顺心的事情越来越少了，自己都觉得自己急躁起来，这可不是淑媛的脾气；三十多年前发生了从无到有的变化，如今发生了从有到无的变化。终于她们去请医生朋友解释，医生朋友慢悠悠地告知："你进入更年期了。"

/ 第十章

女人乖：只是一个后天美女

/ 风情发生地
庐山，南京西路，屈臣氏，锦江小礼堂
/ 人影
张瑜，皮尔·卡丹，四大花旦
/ 语录
奇装异服，后天美女，乳间，小气
/ 课题
上海女人为什么要看天做美人？

后天美女

想起了《庐山恋》,那是1980年拍的电影。

其实《庐山恋》给我们的唯一的记忆,是张瑜在电影里换了很多套很多套的衣服。到底有多少套?找到了一个大概算是准确的数据,43套。比二十多年后《花样年华》张曼玉的23件旗袍足足多了20套。《庐山恋》的放映是在1980年,开拍大约是在1979年,那一年,"文革"刚结束,几乎所有的人还陷于灰蓝色服装的沼泽地而不能自拔,43套艳丽的"奇装异服"简直就是"天上掉下个林妹妹",对于所有的民众,是瞪大了眼睛、张大了嘴巴的震惊,成语就是"瞠目结舌"。

多少年后有一个段子说:"北京人什么话都敢讲,广东人什么东西都敢吃,上海人什么衣服都敢穿……"或许就有《庐山恋》潜移默化的作用。因为是上海人,43套衣服也算是有了依据。大家似乎淡忘了电影中女主角美籍华人的身份,而将她看作是地地道道的上海人,因为电影是上海拍的,演员张瑜也是上海人,上海人换再多的衣服也是有可能的。上海人也真有这方面的小聪明。如果重新看一遍《庐山恋》,一定会觉得电影中所有的外国镜头和外国人生活方式,都假得离谱,都是来自拍摄者的臆想,因为那时候谁都不知道外国人的生活方式。但是聪敏的拍摄者,走了一条上海人最擅长的捷径,让这个"美国华侨"不断换衣服来显示她的洋气洋派,因为上海女人穿衣服是最洋派的,那么就以上海女人的洋派,来想象和塑造周筠这个臆念中的美国华侨。

相隔二十七年,还需要向《庐山恋》的主创人员表示十足的敬意,在当年灰蒙蒙的服装世界里,可以设计出43套"美国华侨"的服装,需要天马行空的想象力。导演黄祖模回忆说"也是从当时国外的时装杂志上参考的",服装设计的按图操作,被当时舆论批评为是"资本主义生活方式,是时装展览"。当时"时装展览"是一个贬义词。但是在全国放映时,电影中的时装成为观众的一大乐趣。"当时上海的女孩子赶时髦,有把裁缝拉到电影院里面,要他照着上面的样子去做的。"导演黄祖模至今说起这些来仍然得意。

上海女人对服装有一种与生俱来的亲近,她们在《庐山恋》里只不过是找到了期待很久的契合罢了,就好像将鱼放在了水里。如果《庐山恋》是北京人拍的,那么可能是在故宫忆往昔,在天坛侧耳回音壁,就不会在服装上大做文章。北京人服装很长,服装思维很短;而上海人无可比拟的特长,就应该是服装。或许在服装设计师一套套衣服拿出来的时候,主演张瑜一件件试穿时,都是一片津津乐道之声,还有什么可以比假借一个"美国华侨"来满足上海人对奇装异服的渴望更加扎劲(有劲)?对于上海人来说,当然主要是对于上海女人来说,服装荒芜已经太久太久。

对奇装异服的声讨,就是从上海开始的。1964年,南京西路高美时装店里发生一场争执。一位女顾客定做了一条灰色华达呢裤子,要求把裤脚做小,但试样时发现裤脚没有按她要求的去做。

她要求把裤脚改小，遭到营业员拒绝。营业员提醒她："再改小就要形成包屁股、小裤脚了，这种奇装异服是不受欢迎的。"又对她说："社会主义商业不能制作有害社会风尚的商品。"这位女顾客反驳说："反正我付钱你交货，定做就是为了称心如意，你们有什么理由拒绝呢？难道我穿一条小裤脚裤子就影响社会风尚吗？做一条小裤脚裤子就是资产阶级思想吗？"双方不欢而散。第二天，女顾客带了一个男伴来到服装店，再次要求改做，也未能如愿，不得不改日换人来将裤子取走。

《解放日报》根据这个事件发表了一篇特写文章，引起了一场意料中的全社会对奇装异服的批判。回过头去看，最有意思的是当年《羊城晚报》对奇装异服下的定义和概括的危害：女装的敞袒胸部的袒胸领、彻底暴露肩腋的背心袖、包紧屁股的水桶裙、紧束腰部而故意突出胸部的其他怪样的衣服，都是奇装异服。这些怪样的衣服，一是卖弄风情，刺激别人的感官；二是有损健康，不利于肌体的活动。上海这次对奇装异服的发难，至此形成一场全国性的对奇装异服的围攻。

但是即使在"文革"时期，上海女人的奇装异服之心常常死灰复燃。"文革"时候的上海，每年夏天报纸电台都会有一阵警惕奇装异服回潮的声音，也就是说，每蛰伏了一段时间，上海女人又忍不住了，又在服装上翻出了新花样，而这新花样又往往与当时的宣传道德相背。比如裙子，膝盖恰是黄浦江的水位警戒线，超过警戒线者就以超短裙论处；"超短裙"三个字，基本上代表了不好女人的生活作风。年年要警惕奇装异服，也正说明上海女人的奇装异服之心，就像是泥土里的竹笋，一阵毛毛雨，它都会钻出来。

上海女人对奇装异服不仅仅是爱好，还有一条奇装异服的生物链，以至奇装异服成为上海女人不由自主的生命现象。几乎每家人家都有缝纫机，每个女孩子都会踏缝纫机，都会自己做衣裳，还会有纸样交流，还可以请教弄堂口的宁波裁缝摊。国内最好的两个缝纫机牌子"飞人牌"和"蝴蝶牌"都是上海生产，属于紧俏商品。在七八十年代，凡是女孩子出嫁，缝纫机是必备的嫁妆；条件最差的时候，缝纫机是用黄鱼车踏到婆家去的，后来条件好一点了，面包车车过去。在拆刮里新的缝纫机盖板上，盖了一块布艺的披巾，四周滚了条花边（蕾丝），还有排须（流苏）；这块披巾，就是待嫁新娘的杰作。一个女人的心灵手巧，在这一方缝纫机披巾上，小小地展示了一下。做了件衣服，就去外滩去公园拍照，就去荡马路……对于上海女人来说，一生中没有男人相伴是苦闷的，没有好的衣服相伴，简直是活不了的。只有上海人想得出来，在《庐山恋》中，让张瑜换43套衣服，也只有上海小姑娘会请老裁缝免费看《庐山恋》——条件是老裁缝要帮小姑娘照着电影里的样子做衣裳。

2006年上海夏天连破多项历史纪录

上海市气象局称，上海今夏以来的天气已连破多项历史纪录：今年6月至8月上海平均气温达到28.7摄氏度，是自1873年上海有气象记载以来的最高值；上海今年到目前为止尚未进入气象意义的秋天，这是自1951年有同类统计数据以来最晚入秋的一次。

（2006年10月18日新华网）

在上海女人的潜意识里，她们的2006年夏天是不愉快的，因为这个夏天太漫长了。太漫长的意思是，夏装穿的时间太漫长了，再性感的热裤，再风情的吊带衫，再妩媚的露脐装，都已经穿厌了，原本10月份应该是秋装，居然气温还是在35摄氏度。天凉好个秋，天不凉怎么秋！夏季太漫长影响了季节换装当然不愉快，更重要的是，上海女人心底太清楚，如果说农民是看天吃饭，那么上海女人是看天做美人——是否可以做得成美人，要看老天爷给不给面子。

说上海女人的好话很多：很嗲，很作，很适宜；于是就会有大略的印象：上海女人也是漂亮的女人。其实上海原本不出美女，且不说古代四大美女与上海无关，即使在近代或当下，有些地域性美女都是全国出名的，还有昵称，还是和上海无关。比如扬州出美女；湖南美女昵称湘妹，有宋祖英，有刘璇；邻近湖南是四川的川妹，这两个地方据说是水好养颜，出好酒的地方也出美女；东北的美人长在哈尔滨，叫做哈妹，据说是吃白米饭和精白面粉的。或者五官，或者三围，或者肤色，这些地方的美女都像驰名商标一样的著名。但是偏偏上海女人被公认为是中国美女的坐标，这个坐标的曲线，细细一看，原来是上海女人穿衣的风情。上海女人的漂亮，在于上海女人知道如何让自己漂亮；这个秘诀，简单到了不教也会，但是如何穿衣也只能意会无法言传，不会的人教了也不会。

如果说湘妹、川妹、哈妹、扬州妹是天生的美人坯子，那么上海女人就是后天美女，她们是靠着会打扮戴上美女桂冠的。而会打扮还需要有一个自然条件的配合，那就是气候。上海女人也是得到了造物者的偏爱，迥然不同的四个季节给上海女人穿衣打扮带来的落英缤纷，《四季歌》只有在上海唱起来才有女人的呼应。比之于被冰天雪地冰过的东北，被沙尘暴沙过的北京，被烈日当头烈过的广东，被黄土高坡土过的中原，被荒无人烟荒过的大西北，上海当然是女人的最爱了；四个季节像钢琴琴键此起彼伏，春装还正时令，初夏已经悄悄来临，便有了另一身打扮；实在想要翻行头，还有隔三岔五的雨水做伴，也不失搭配的风情。"羌笛何须怨杨柳，春风不度玉门关"，上海女人在穿着上正沐浴着细细春雨。

与上海相近的地域，因为少了点洋气而难与上海女人媲美，所以四季美女是上苍给上海女人的一份厚礼。

四季分明的自然条件，要求上海女人是一个勤快的女人，需要频频换装，而上海女人恰恰是以频频换装作为乐趣。上海女人靠的就是后天努力，把自己塑造成具有坐标和楷模意义的美女。几年前，在淮海路"巴黎春天"二楼有个咖啡厅，它与商场间是一个玻璃的隔挡。在这个咖啡厅约朋友聊聊天实在是多重的享受，隔着玻璃，影影绰绰的女人身影在摇曳，大凡眼睛一亮忍不住余光一掠的时候，几乎可以断定她就是上海女人：上下搭配、颜色搭配，甚至连脚步声，当然还有一个包，或许还有一顶帽子，或许还有一方丝巾，都像是注册商标一样；果然得到了证实：从玻璃的隔挡外飘进来轻轻的、窸窸窣窣的上海话。是不是上海女人，从穿戴上就能看出来。上海女人为了打扮自己，可以跑十家店买一条丝巾，而不愿在一家店里把自己的穿戴一股脑儿搬回家。这既是上海女人的精打细算,也是上海女人的一丝不苟。

《庐山恋》中的周筠是一个臆想出来的美国华侨,其实她就应该是一个上海小姑娘,一个对奇装异服百般期待、跃跃欲试的上海小姑娘,一个对时尚生活充满热情的上海小姑娘。在《庐山恋》开拍、公映的一段时间里,上海发生了一系列的事情,这些事情与《庐山恋》没有任何关联,但是与《庐山恋》一起形成一股强大的推波助澜的合力。在此之前,上海女人和世界之间好像还有很遥远的距离,就是靠了这一股越来越有后劲的合力,没多久,上海女人已经感觉到轻舟已过万重山了。

1978年,一个56岁的法国人来到了中国,他叫皮尔·卡丹。因为他,中国人知道了"世界名牌"这个概念,也因为他,上海女人再一次成为中国时尚的引领者。

1979年3月,皮尔·卡丹到上海举办时装表演,当时对有资格看表演的人有三个规定,第一专业对口,第二记录姓名,第三票子不得转让。T桥上,一个时装模特儿身上长长的披风慢慢地滑落,露出一件袒胸露背的超短裙,整个剧场里头的空气凝固了。

上海的专业人士看到了时装表演的价值:"我们也要有人会表演,'模特儿'这个外国称呼有点低级趣味,我们就叫做时装表演演员。至于演员,就在服装公司里物色。"回过头去看当年挑选模特儿的标准与使用的语言,令人忍俊不禁。比如不能称"乳沟",那太黄色了,而是要称"乳间"。身高1米65以上就可以了;三围标准,胸围80、腰围60、臀围80。比起如今国际模特的90、60、90和国内模特的84、61、90要低得多。一年后,中国大陆第一支时装表演队——上海市服装公司时装表演队诞生。从3万个报名者中挑选出来的12女7男，理所当然成为中国第一代模特儿。

1981年2月9日，中国大陆第一场时装表演在上海友谊电影院拉开帷幕，友谊电影院通常是举行全市党员干部重要会议的场所。1983年这支模特表演队进京表演，轰动北京，模特队员成为炙手可热的明星，直至进中南海向中央领导汇报演出。当年5月4日的《人民日报》发表文章《新颖的时装 精彩的表演》，称赞模特表演队的表演华而不艳，美而不俗，恰到好处。作为这支模特表演队的衍生产品，上海电影制片厂拍了一部故事片《黑蜻蜓》。

又被上海女人抢尽了风头，中国时尚史的一个里程碑事件由上海女人完成。这个风头也只有上海女人可以抢得到，天降时尚大任于上海女人也。当社会的女人公德还极其混沌的时候，也唯有在最开化的上海，会有3万人报名。

就这样，后天美女成了美女天后。

四大花旦

　　这是上海女人的一个幸福阶段，所有的时髦都诞生于上海，由上海女人最早享用，然后由上海女人向全中国妇女发布时髦信息，决定时髦的价值。上海女人的喜好成了时尚的风向标，上海女人和上海女人使用的上海商品成为生活上的样板。当时全国各地不断地举办上海轻工业产品展销会，所谓轻工业产品，几乎全都是上海女人的日用品。1981年，上海家化生产了保湿润肤的"美加净银耳珍珠霜"；现在看到这个名称，会觉得蛮老土的，但是要知道那些大人家出来的女人为什么面色这么好，就是每天吃一碗白木耳吃出来的，再加上珍珠，那就雪白粉嫩了；当时银耳珍珠霜在北京展销的时候，柜台都被挤坍塌了，被美誉为"青年女性都使用的化妆品"。还有蜂花洗发精和护发素，让女人第一次享受到液体取代肥皂的愉悦；上海的绒线、上海的服装、上海的皮鞋，都具有茅台酒、五粮液的地位。

　　当时知青已经陆陆续续回城，上海女知青多了一份快乐的烦恼，那就是给一起插队的外地知青和当地老乡代购上海商品。代买东西很繁琐的，而且当时商品又紧缺，但是很多上海女知青一边埋怨，一边又是很愿意代劳，因为所有托她们买东西的人，不仅崇敬上海商品，更崇敬上海人，"只要是你喜欢的我们就喜欢，你是上海人,眼界比我们高"。当时人们喜欢用"眼界"这个词,而不是像现在习惯说"品位"。即使是时尚领先的日本人,都觉得应该对上海女人刮目相看。1986年上海女孩子时兴薄绒衫匹配裙子,一位东京姑娘看到后感慨道:"日本年轻人认为,时装的源头并不在巴黎、纽约,而是在大阪、汉城、上海,上海处处显示它的现代感。"

连假张瑜的一度得逞,都应该有上海女人的因素。是1982年的事情。有亚洲飞人之称的排球国手汪嘉伟,经过那场后来被誉为"振兴中华"的绝地反击战胜韩国的比赛,已经红得发紫。有一天汪嘉伟收到一封来信,信中表达了对他的倾慕之情,末尾落款竟是"张瑜"。于是书来信往不少日子,最终,两人在信中确立了恋爱关系,汪嘉伟还把自己祖传的戒指作为信物寄给了"张瑜"。女排姑娘当时恨透了张瑜,因为汪嘉伟已与一个女排姑娘有了感情,大家一致认为张瑜勾引了汪嘉伟。有一天,汪嘉伟在和"张瑜"通电话的时候,猛然看到一条张瑜正在澳大利亚拍戏的新闻,而对方的答话却全然不是那么回事,汪嘉伟才感到不对。后来,正在北京拍摄《知音》的剧组来了几个警察,警方抓住一个偷东西的女贼;审讯后女贼供出了另一件事:她竟冒充张瑜一直和汪嘉伟通信。而这一切仅仅是因为女贼与她朋友打个赌:看看能不能把两个最红的人联系起来。再后来,汪嘉伟终于在北京见到了张瑜。张瑜说,她至今还记得那天自己穿一条蓝花小白点的裙子,在北影厂一片空旷的草坪上和汪嘉伟见面。她当时一再问:"要不要上我宿舍去坐一会儿?"汪嘉伟摇了摇头说:"我只想问你,给我写信的真的不是你?""不是我。"汪嘉伟听了就走了。

汪嘉伟终于确认自己受了骗。假张瑜的想法很有创造力，她契合了电影演员和上海女人的身份，只是没有成功。

用一个现在常用的词语来形容上海女人和时尚的关系，那就是抓住机遇。上海女人太善于抓住时尚的机遇。上海女人抓机遇常常就是比别人抓得牢，抓得漂亮。像假张瑜这样的抓机遇是瞎抓。

1980年，在淮海路东端柳林路上，开设了一个小商品市场，这又是一个第一，是全国第一家小商品市场，原来仅仅是给待业青年混口饭吃的，但是这个小商品市场很快转向，卖的大多是福建等地过来的服装，后来成为上海三大服饰市场之一，1996年随着淮海路改建而撤销。1984年，同样是在淮海路，柳林路向西大约2公里的华亭路上，真正意义上的服装市场开张了，卖的几乎都是进口服装，上海时髦女人对世界品牌的认识，是从华亭路开始的。2000年华亭路市场搬迁仍旧是在淮海路上的襄阳路市场，直至2006年襄阳路市场撤销。

北京的"秀水街"、广州的"高第街"，与上海的华亭路市场似乎齐名，或许卖的服装进货渠道也是相差不多，但是真正名扬海内外的，还就是华亭路市场。这条小马路仅732米长，宽也就是几米，摊位却有400多个，每分钟的人流量约150人，每天约10万人次。有的航空杂志的地图上还标有"华亭路服装市场"的字样。一度，"华亭"是时尚、时髦的代名词，是流行、潮流的集散地。据行家评估，"华亭路服装市场"的无形资产可达几千万元。后来的襄阳路市场更加波澜壮阔，而"秀水街"和"高第街"则早已经淡出了时尚的视线，其他地方的服饰市场更是默默无闻。

为什么上海长盛不衰？或许是应该给上海女人记上一功的，她们对服饰善于选择的灵气，她们的选择决定了商贩的进货走向，她们的选择还决定了外地游客的选择走向，甚至，一个上海女人在华亭路上走，她一身的服饰搭配，已经进入了外地游客的视线。所以，有一个因果关系谁都没怎么细想，而且也想不清楚：到底是上海女人培育了华亭路、襄阳路市场，还是华亭路、襄阳路市场滋润了上海女人？

上海男人以内衣作礼物送太太或情人

在上海几个大商厦的进口内衣专卖柜，有一个有趣的现象，是香港难得见到的，就是专柜常有单身男士光临，这样的客人大约占4%—6%。情人节时，专柜推出包装成玫瑰花般的内衣，一位中年男士一下就买了11支，而且能准确道出尺码大小。售货小姐难免忍俊不禁，他却大方幽默地说："难道就不兴送给老情人吗？"看来，以内衣作礼物送太太或情人之风，在上海已不足为奇。当然也有双双对对一起来选购内衣的，有商有量，有如买首饰。以往买内衣那种遮遮掩掩、羞羞答答的现象已难见到。

（"搜狐"女人频道）

在80年代，也是与上海女人的时尚和生活方式互为因果的，是四本杂志。没有这四本杂志，上海女人的生活方式少了点色彩。在当时，用生活杂志指导女人生活的，也只有上海，参与编这些杂志的，还是上海人——是上海人在和上海人交流。

根据这四本杂志的重要性，可以称它们为四大花旦：《上海服饰》《文化与生活》《青年一代》和《世界之窗》。还有一本可以称得上"公开的内参"的杂志,是《科学画报》。当上海更多的老百姓还欢欣于"四大金刚"的早点心时,每一个上海女孩子,都沉醉在"四大花旦"之中。因为四大花旦涵盖了当时青年人的时尚、情调、生活、感情,当然还有性的启蒙。

有一个男孩子,那时候叫男青年,不声不响的,从长相到经济条件、政治条件都很一般,给他介绍女朋友,基本上都是被对方打回票;但是某一天突然成了焦点人物,媒人纷至沓来,还要预约见面的档期。因为他向《青年一代》投的一篇稿子发表了,尽管只有几百字,当时在报纸杂志发表文章,是不得了的事情,何况还是发行量500万的杂志,所有认识他的人都知道他当作家了。后来这个男孩子就是凭着这么一篇豆腐干文章,与一个有房子的女孩子谈了恋爱结了婚。

还有一个女孩子,在和另一个女孩子争夺一个男孩子。这个女孩子并不占优势,但是最后赢得了这场玫瑰战争。她的利器很简单也很直接,要么给男孩子结绒线衫,要么给他做衣裳,而后又发展到给男孩子的弟弟妹妹结绒线衫,每一件绒线衫花样都不同。这种温暖而贴心的工程,挡也挡不住。女孩子的手工生活是好的,而她绒线衫花样和服装裁剪的功夫,都是从《上海服饰》和《文化与生活》里面学来的。

差不多就是这个时候,北京的《中国青年》刊登了"潘晓"的文章,很是轰动了一阵。看名字,潘晓应该是个女孩子,她在苦闷地发问:"人生的路啊,怎么越走越窄?"上海的女孩子当然也有人生的苦闷,但是上海女孩子人生归人生,生活归生活,她们是在这样的思索：绒线衫的花样啊，如何可以更精彩？后来知道"潘晓"是两个人名字合而为一，其中的"晓"，是当时北京市羊毛衫五厂的女工黄晓菊。北京女青年和上海女青年考虑的问题就是不一样。潘晓引起的轰动与上海生活类杂志的风起，是京沪两种文化的差异。

四大花旦中除了《上海服饰》创刊在1985年，其他三本杂志都在1979年里相继诞生。为什么说她们是上海女人精神生活的四大花旦？在这之前，国内还没有生活类杂志。《文化与生活》讲的是如何居家布置，如何养花，如何烧菜，如何保护乳房，如何买内衣。上海女人都将它作为生活指南，外地人当然更加要朝拜了，曾经有过一段时间，需要凭票才能买到《文化与生活》。《上海服饰》里面全是同比例缩小的服装版样，还有绒线衫的花样，又是来自上海女人，反馈于全国女人的杰作。《世界之窗》和上海女人的关系有点奇特，按理说当时女人是不喜欢世界的，因为还是一个冷战的世界，但是上海女人极喜欢《世界之窗》，因为它给上海女人看到的是一个软世界，一个黄金世界，一个霓虹世界，什么香榭丽舍大街，黄金海岸，英国王室，美国百老汇……一直是喜欢洋气洋派的上海女人最想知道的。至于《青年一代》，当年的发行量500万，里面有一个专栏《忙人日记》非常出名，张奇能写了当时的一群男女青年，没有写人家的工作，纯粹写人家的爱情和情调，影响比现在的易中天还大。这四本杂志一下子拂清了上海女人的眼帘，像生活的宗教书，所有的女人都在读，而且还要讨论；这些杂志都是需要像小学生的课本一样用包书纸包起来的，认真的女人还把杂志珍藏了起来，这一珍藏就是二十年，再看时已经是中年妇女了。当时的女青年走在马路上手里卷了一本这样的杂志，就如同现在女人手里挽了一个上好的坤包；如果一男一女初次见面需要有个标识，那么手里一本《青年一代》很是风光的。

《科学画报》是告诉女人如何做女人，当然也是告诉男人如何做男人，告诉男人女人如何做好男人女人的事情。《科学画报》最大的贡献是每期开辟一个专版，讲授性知识：手淫有没有害？精子是如何在子宫着床的？几天一次性生活最合理……这些如今看来极其浅显的知识，对于那一代青年来说，毫无疑问是性启蒙。称《科学画报》是"公开的内参"，因为当时女青年看的时候，不仅不敢和人家讨论，而且还都是坐在墙角，杂志也不完全打开，差不多是打开到45度，有一个手指时刻插在另一个页面里，如果有别人过来，马上将性知识的专版翻过去。

上海女人就是在这么几本上海人编的生活杂志里，寻找到了新的生活。而当这样的杂志在全国蔚然成风时，上海女人再次有幸成了第一次。1988年，国内第一本和境外合作出版的杂志《世界时装之苑》（ELLE），成了上海最时尚女人的珍爱与象征。法国的杂志，与上海合作，上海女人阅读，上海与法兰西情调的千丝万缕，又缠绕在一起了。90年代后上海女人的法国情调，细细去辨析，是看得出一点ELLE的韵味的。在2006年的一份调查中，ELLE仍旧是最受女性欢迎的杂志。在冬日街口站着一个时尚女子，双手将一本时尚杂志捧在胸前，半是挡风，半是含蓄，女人味道十足；你可以用上海话向她问路，她一定是上海女人；这么一个造型，基本上可以从某一期的时尚杂志上找到原型。

上海安全套使用率全国最高

上海安全套的使用率已从1995年的9.11%上升到2004年的18.31%,大大高于全国5.3%的平均安全套使用率,且目前安全套的使用率仍在不断增长中。销售排名第一位的是杜蕾斯,在上海市场上占据半壁江山。

另据统计,在上海,有19.5%的育龄夫妇选择使用安全套避孕,大大高于全国5.3%的比例。

(中国药港网2005年10月27日)

屈臣氏超市,是年轻人去的超市。离收费口很近的货架上,摆放的是安全套,给购买者一个私密的安全和亲近,付费前顺便从货架上拿一包就可以了。现在买安全套的男女心理承受能力远比货架供放者强。有一男一女两个青年,进了超市,先买的恰恰是安全套。原来他们是习惯买杜蕾斯的,但是那天杰士邦在搞买一送一的促销,女人就顺手拿了杰士邦,还嗲了男人一句:"像你这种人用起来很快的,买两盒吧。"女人这样说的时候,一点都没什么不自然;手里拿着两盒安全套,也没有遮遮掩掩。

在中国国际成人保健及生殖健康展览会上,有一个进口品牌的安全套每天免费发放,展台前总是排起长长的队伍,三天共派发了3万多只。闭馆前的下午,另一家安全套供应商发现安全套如此受观众追捧,干脆现场开卖原本用来作为样品的安全套,尽管价格高达48元1盒,却在一个多小时之内售出了100多盒。买的人大多是20岁到35岁的青年人,男女都有。

从1979年偷窥式地阅读《科学画报》中的性知识专栏，到在屈臣氏像买护肤品一样地买安全套，在展览会上排了长队领安全套，经历了四分之一的世纪，上海女人的性知识不仅早就启蒙，而且已经有了个性和研究，上海女人已经是知性和率性的女人了。

上海育龄夫妇安全套使用率全国最高的合理解释是什么呢？求答的问题也可以是这样：为什么上海有这么多的育龄夫妇不采用戴环避孕？有一种解释是，上海女人越嗲，上海男人越绅士，小小的劳动，男人就主动承担了。不过这个解释似乎得不到应和，想在这方面绅士的男人似乎不多。有一个女人倒是坦率地说："安全套最安全啊，不会有任何的后遗症；一个环放在里面，总是不太好的。"她的一个"过来之人"朋友告诉她："环是没有任何副作用的，我就是放环的。"但是女人还是不愿意放环："几十年后取出来痛哦啦！"朋友问她："那侬觉得安全套感觉怎么样？"女人说："我觉得差不多的。""那么侬先生呢？""伊啊，伊没讲，不过伊听我格呀。"上海男人归根结底还是蛮绅士的，只要一听到有关爱人的健康，就自觉遵守，没有二话；而上海女人，也是一遇到健康问题，就想得很远很远。这就是上海女人的浪漫主义与现实主义相结合了。

"格么，侬讲究牌子哦？""这倒是有点讲究的，不是杜蕾斯就是杰士邦，还有健马，国产的不用，自动售货机里的不用的；还有，还有，侬晓得格呀，进口安全套品种老多格，有颜色，有纹路，感觉不一样格……呵呵呵呵……"

小气大奢华

48元一盒的安全套,一共才12只,合下来一次做爱的直接成本就是4元,差不多是一盒盒饭的价钱,上海小女人的派头是很大的;再联想到欧洲几款名牌内衣在上海的销售,看得出上海女人舍得在内衣上花钱,而且越是千元以上的越好卖,千元以上的销售竟好过香港市场。很容易得出的结论,上海女人,尤其是小女人们,是极尽奢华、大手大脚的女人。

此话说对了一半,上海小女人奢华起来是不要命的,但是小气起来是不要脸的,而且也只有上海女人,一半是奢华,一半是小气。

上海女人最大的本事是将有限的人民币,投入到无限的爱好和虚荣中去。上海女人是最能体现"多快好省"的女人:多是身上翻花样多,快是行头换得快,好是穿在身上用在身上一定是效果好,省当然就是省钱了。多快好省四个字中会一个字并不难,难的是把互相抵触的四个字拿捏在手里。如今上海女人有办法将一件没面子的事情上升到有面子,将一件原本属于小家子气的事情上升到时尚的生活理念。

某日在酒家用餐,买单时问能不能打折,服务生当然不肯。偏偏座中一位上海女人眼尖,看到远处报架上插着杂志,当即拿了过来,熟稔地翻到其中一页,当着服务生的面撕下一角给服务生,服务生没反应过来,女人已经问了:"这下可以打折了吧?"服务生不情愿地点头。上海女人撕下的杂志一角就是这个酒家的打折券,害得酒家服务生立刻从报架上撤下消费杂志。

这么一种方式,有人觉得是当下女性白领的生活之道。其实她们是在传承她们的母亲甚至是祖母的精髓。

淮海路上原来有一家很有名的"大方布店",感觉上"大方"这个店名,是特意为多快好省的上海女人取的。布店和服装店有两大根本不同:第一不同,服装店里只要把衣服试穿一下,就知道是否合身,颜色款式是否喜欢,而布店考验的是一个女人"胸有成竹"的能力和审美眼光。第二大不同还用说?当然是价钱。那时候社会上有多少台缝纫机,就会有多少个心灵手巧的女人。她们量体,买布,知道一件衬衫要买多少布,一条裙子要多少布,然后裁剪,踏缝纫机,把一块布做成衣服穿在自己或家人身上;买什么料作做什么式样,就是各人的眼光了。不少女人只是在香港电影中看到一件时髦衣服,就可以拷贝不走样。

上一代的上海女人,是现在时尚流行的 DIY 的源头,她们一切都是自己动手。还会套裁,于是就可以省下三四寸布料,连营业员都觉得不可能的时候,女人有那么点得意扬扬,对营业员说:"我晓得格,侬剪好了。"女人还会和营业员切磋如何套裁,营业员也算得有经验算得精怪了,但是被女人套裁的方案一说,还真服了她;营业员哗哗哗地抖开布匹,尺一量,裁缝剪刀顺势滑过去。女人看得很清爽,自己到底是面熟的老客人,营业员量好尺寸,还放了一码,大约是拇指的宽。当然更让女人沾沾自喜的是打折的零头布，考验的就是女人眼明手快脑子灵，眼珠一转就算到了用处；几天之后穿在身上，逢人便炫耀自己的巧夺天工。

上海女人向来被认为是最要面子的。上海女人的面子是动脑子动出来的，是动手动出来的。动脑是心灵，动手是手巧，合在一起是心灵手巧。套用当今阿迪达斯的广告语：没有什么不可能。

有一些小女人总结出了许多购物经验，在网上向死党传播。有一个很高层面的上海丽人说，死党会告诉她百盛的哪个店在季节性促销，血拼有哪六大步骤，第一步骤坐电梯到哪里，第二步骤去换什么……就好比一边看攻略一边打电脑游戏。

三十年前，生的切面是2角1分1斤，有一些精怪女人只买4两，按照四舍五入的计算法4两就是8分，然后再跑一家粮店买4两，再跑一家买2两，那么1斤切面就省下1分钱。

三十年后，她们的小辈1分钱是不在乎了，但是10元钱还是会在乎的。有5个小女人一起去一家饭店，大概也就是1公里远的距离；先是三个人坐出租车去饭店，到达后留一人在车上开回原地，将另两个人再带过来，这样比她们原来需要坐两辆出租车便宜了一半的车钱。

做这样精打细算的事情，历代上海女人心情都好得不得了。不论买什么东西，只要是打折，踢到了便宜货，上海女人不仅不会遮遮掩掩，反而还要到处宣扬。

看电影，一般的电影院她们是不去看的，要看电影就去最好的港汇、梅龙镇，但是她们只看星期二的，没有别的理由，因为星期二是半价，如果谁不是初恋却大手大脚看80元100元一张的，会被人家讥笑为"巴子"（掼派头掼得不到位）。

·280·

鲜花当然是上海女人特别喜欢的，凡是觉得自己有点品位的，家里花是少不了的，既要食有肉，也要居有花。在2005年文化广场的花市撤销前，上海女人要买花就去文化广场，不仅品种多，更是因为便宜，要比小花店便宜得不知多少。有节假日来临，文化广场外面的陕西路一定都是捧了一大摞鲜花的女人和男人，然后或者上了私家车，或者打的，或者坐公交车，或者把自行车当花车。

相比之下，不是上海女人的女人做不到这样的小气。

有一群上海美眉、外地美眉一起去旅游。到了买东西的地方，上海美眉算死算活，人家讨价上天，她们还价入地，还就是不买，其实她们经济条件都很好，而且她们还有点顾及同道的一个外地美眉，因为她每个月还要往家里寄钱；但是一路上买得最多的，买得最好的，恰恰是那一个外地美眉。不管什么东西，也不管喜欢不喜欢，她不怎么还价，派头很大地就买下了，把一起去的上海美眉看出了一身汗。只有经济实力弱的人才会逞强，而敢于示弱的人恰恰就是经济实力不弱的人。对于上海女人来说，冤枉钱付一元也是多。在2007年情人节，浦东香格里拉酒店的38万元情人节套餐无人问津，上一年香格里拉8万余元的情人节套餐，最后也是零订单，还有波特曼丽嘉酒店定价18万元的套餐，同样没有买家上门。

随着精怪和多快好省日益成为上海女人的生活理念，商家也越来越投其所好，不仅是上海本地迎合着上海女人，在上海周边，简直就是上海女人的卫星购物城。买皮夹克当然是去海宁，除了真正进口的，上海所有的皮夹克都可以在海宁买到，价格比上海便宜,开车过去,当天来回。结婚的婚纱,上海新娘一定是去苏州买的,二三百元就全部搞定了;要是结婚穿500元的婚纱,那就是自己没本事,说也不敢跟人家说。还有沪青平公路的轻纺城、灯具城,东阳的木器,杭州的茶叶,宜兴的陶瓷,阳澄湖的大闸蟹……

每天3.2亿美元"世界商品"抢滩上海

据海关统计,2007年1月,共有99.05亿美元来自世界各地的商品进入上海,平均每天约3.2亿美元。这一数字比上海去年的日均进口额增长了740万美元。

(新华网2007年2月22日)

如果以为上海女人就是一盏"省油的灯",那是大大看低了上海女人。身处上海,又有花样年华的历史熏陶,上海女人不花钱的难受远远超过没钱花,而没有花过大钱,简直就是枉为上海女人一生。上海每年的钻石销量是全国第一位,每年的黄金饰品的销量是全国第一位,每年进口化妆品的销量是全国第一位,每天3.2亿美元的世界商品还是全国第一位。时尚和奢华,最众多的享受者必定是上海女人;男人买单,女人享受——绝大部分是这样。上海女人在花大钱的时候,都是有理由的:房子是要住一辈子的,要好一点的;钻石代表爱情永恒久远的,要大一点的;内衣是第二层肌肤,要高级一点的;化妆品如果用差的对皮肤有害的。

2004年末至2005年初,美国百老汇的音乐剧《剧院魅影》在上海连演三个月,场场爆满。上海稍有一些时尚意识的女子,已经到了不是"以看《剧院魅影》为荣"、而是"以不看《剧院魅影》为耻"的地步。那时候的时尚话题已经被"魅影"笼罩;从网上荡下来的一定是《剧院魅影》的经典唱段;三三两两喝茶吃饭的时候,三句话不离魅影;有说自己坐在15排的,看得瞎清爽;有说自己的票是谁谁谁给的;还有说自己又去看了一遍;晚上洗澡的时候,不由自主地哼起来的调调,一定就是《剧院魅影》。票价不便宜,800元的也就是坐在15排以后。女人当然是不要花钱的,是男人请她看的,有些是赠票,更多是从票房里买来的。《剧院魅影》成了风尚,当然再花钱也是要去看的,而且都说值得,却不愿意买80元一本的说明书和100多元的正版CD。

之前一年的F1,则是更尖端的上海女人情欲火山的喷发口。与其说是要去体验F1赛场的高分贝噪声,去一睹车王舒马赫的英姿,还不如说是要获得一种时尚的身价,越高的票价越能做出如此的证明。以至于主办方后悔从370元到3700元的票价设定得太低了。确实有一部分票子的来源或者是男人相邀,或者是赠票,也确实有不少粉丝级的小女人,是托人买了票去看的;明明是自己花钱买票的,却对父母谎称是别人送的,父母可都是做人家的。

上海女人的原则是,小么事(小东西)要应省得省,大事体要应用得用。金戒指是可有可无的,铜鼓戒是肯定不要的,一戴就是乡下人了,还有那种几两重的项链,一点文化都没有,也是不要的。但钻戒是要有的,还有衣裳,总要和自己的工作环境配得上的,总是要和自己的密友死党配得上的。

网上流传过一份中国九地娶老婆"账单",其中讨一个上海新娘的总花销是:房子一套(100平方米,市区),以均价10000

元计,100万元;普通装修,15万元;家电及家具,10万元(有部分女方以嫁妆形式出资承担);汽车,10万元;喜酒,中等酒店25桌,包括自带酒、烟、糖,2.5万元,回收红包以每桌平均1200元计,盈利0.5万元;度蜜月,平均每人费用以6000元为标准,1.2万元;从恋爱到决定结婚这段时间(恋爱期),包括出去吃饭、买礼物、娱乐、旅游、送女友父母节日礼品等,平均每月以1800元的标准,谈2年,4.32万元。各项费用相加总计140.02万元。

以同样的方式计算,上海在九个城市中是开销最高的,比次高的北京106.8万元高出很多,比邻近的南京高出整整一倍。考虑到这份调查的夸张成分,可以相应减去一些支出,但是在九个城市开销同比例下降后,上海仍旧独占鳌头。

开销是大的,但是上海新娘从心底希望婚礼奢华,唯其如此才显示出双方对爱情的忠诚,至少是重视——能够代表重视的最终形式,就是钱的多少。

锦江饭店的锦江小礼堂,曾经是中美联合公报的签署地,如今,也对外开放婚礼婚宴。有位新娘是某大学国际政治系的研究生,她对新郎说,她有一个心愿,想站在锦江小礼堂讲台上,就是当年美国总统尼克松和中国总理周恩来互相举杯祝愿的地方,在这个地方说一声"我爱你"。这么一个要求差一点未能实现,因为锦江小礼堂的婚宴非常吃香,在婚礼黄金季节天天预订一空;这么著名的地方,请柬上地址都不用写,后来改了日期才订到。锦江小礼堂确实是个好地方,宾客恍惚中觉得是在参加国宴。24桌全包了,每桌4000元,这要比调查中的千元一桌高出了3000

元。那一个新婚之夜，新郎新娘在锦江饭店的南楼就寝——当年尼克松总统夫妇就下榻在南楼，只是更高几层。

权且将《庐山恋》爱情故事的男女主角耿桦和周筠当作真人真事，他们结婚的时候，虽然双方的父母是有些身份的，但是还没有资格去锦江小礼堂大摆婚宴，也没有资格可以在锦江饭店闹新房。当时的锦江饭店作为国宾馆，是不对外营业的。锦江饭店开始对外营业是在1985年。

图书在版编目（CIP）数据

上海女人/马尚龙著.—上海：文汇出版社，
2023.7
ISBN 978-7-5496-4060-7

Ⅰ.①上… Ⅱ.①马… Ⅲ.①女性-性格特征-上海
Ⅳ.① B848.6

中国国家版本馆 CIP 数据核字（2023）第 096545 号

上海女人

著　　者　马尚龙
策　　划　朱耀华
责任编辑　徐曙蕾
装帧设计　董红红

出版发行　文汇出版社
　　　　　上海市威海路755号
　　　　　（邮政编码200041）

照排　南京理工出版信息技术有限公司
印刷装订　启东市人民印刷有限公司
版次　2023年7月第1版
印次　2023年7月第1次印刷
开本　890×1240　1/32
字数　200千
印张　9.5

ISBN 978-7-5496-4060-7
定价　58.00元